섬유상식

실을 알아야 좋은 옷을…

실을 알아야 좋은 옷을…

발 행 일   2017년 9월 15일

지 은 이   김 문 표
펴 낸 이   손 형 국
펴 낸 곳   (주)북랩
편 집 인   선일영   편 집   이종무, 권혁신, 송재병, 최예은
디 자 인   이현수, 이정아, 김민하, 한수희   제 작   박기성, 황동현, 구성우
마 케 팅   김회란, 박진관, 김한결
출판등록   2004. 12. 1(제2012-000051호)
주   소   서울시 금천구 가산디지털 1로 168, 우림라이온스밸리 B동 B113, 114호
홈페이지   www.book.co.kr
전화번호   (02)2026-5777   팩 스   (02)2026-5747
ISBN   979-11-5987-769-8 03580(종이책) 979-11-5987-770-4 05580(전자책)

이 도서의 국립중앙도서관 출판예정도서목록(CIP)은 서지정보유통지원시스템 홈페이지(http://seoji.nl.go.kr)와
국가자료공동목록시스템(http://www.nl.go.kr/kolisnet)에서 이용하실 수 있습니다.
(CIP제어번호 : CIP2017023409)

섬유상식

실을 알아야
좋은 옷을…

김문표 엮음

북랩 book Lab

나는 섬유인으로 참으로 오랫동안 행복한 삶을 살고 있다.

60년대에 회사를 다닌 우리 동년배들의 시절에는 20대 중후반에 한 회사에 입사를 하여 큰 변동이 없으면 정년 때까지 통상 30년 내지 40년을 근무하게 된다. 이 시대를 살아온 사람으로 다른 사람과 마찬가지로 나도 이들과 비슷한 삶을 살고 있지만, 스스로를 돌아보니 다른 사람보다 훨씬 행복한 것 같다. 대학에서 섬유공학을 전공해서 첫 취직을 전공에 맞추어 방적공장에 취직하여 한 회사에서 21여 년을 근무했다. 그것이 인연이 되어 동종 업종에 두 번이나 스카우트되면서 한때 방적업계의 제법 알아주는 기술자로 80년대와 90년대를 지냈고 이 기간에 소모방, 방모방, Fancy Yarn에 대한 기술을 습득할 수 있었다. 그러다가 공장생활에서 벗어나 서울 본사에 5년여를 근무하면서 기획개발, 수출입 무역업무, 스웨터 환편기 등의 원단 어패럴까지 섬유 전반에 걸친 기술 및 관리를 할 줄 아는 진정한 섬유인이 되어 나 스스로 실을 보면 어떤 제품으로 만들 수 있는지, 제품을 보면 어떤 실로 만들면 적합한지를 아는 전천후 기술자라고 자부할 정도가 되었다. 회사를 두 번이나 옮겨 다녔지만 마지막 회사는 제일 처음 21년간이나 몸담았던 회사에서 기술 고문직을 끝으로 직장생활의 종지부를 찍고, 이 회사에서 생산되는 원사를 판매하고 신제품 개발에 참여하는 원사 대리점을 하면서 오늘의 '대교텍스'라는 업체를 갖게 되었고, 나이 70이 되도록 아직도 이 업종에 종사하고 있다. 오늘도 생산 공장을 뛰어다니며 시끄러운 기계 소음이 오히려 다정하게 들리는 연사공장과 먼지가 펄펄 나는 지하 해사공장들을 다니고 있고, 이제 막 새빨갛게 물들어 나오는 염색사들이 염색기에서 나와 탈수기로 건조기로 흘러나오는 내 '실'들을 보려고 염색공장들을 다니고 있다.

나는 아직도 이 일이 좋다. 나와 함께 부산대학교 공대 섬유과를 나온 친구들이 대부분 섬유업계에 종사하다가 정년퇴임을 했지만 아직도 동종업계에서 업을 하고 있는 친구가 네다섯 명이 있다. 염색과 관련 염료 제조업을 하는 친구, 제직공장을 하는 친구들이지만 평생을 실에 묻혀 사는 사람은 나뿐인 것 같다. 처음 방직공장 입사가 실 만드는 것과 인연이 되어서인지 지금도 실 속에서 살고 있다. 내 사무실은 온통 실 샘플들로 쌓여 있고 시간만 나면 실로 만들어진 헝겊 쪼가리를 뜯어서 분해기로 분석하기도 하고, 혼용률을 알기 위해 각종 시약에 용해시키거나 굵기를 알기 위해 번수시험을 하기도 하면서 실에 묻혀 살고 있다. 흔히 스웨터나 섬유와 관련되는 업종을 '걸레장사'라 한다. 주변이 정리정돈이 잘 안 되고 해도 했는지 표도 안 나고, 제품이 사각이나 어떤 일정 모양을 가진 고정물이면 정리정돈이 잘되지만 실과 관련한 옷들은 펼쳐버리면 모양이 제멋대로가 되고 어딘가 던져버리면 걸레처럼 되어버린다. 제일 잘 정리하는 것으로는 옷걸이에 걸어 행거에 걸어두는 것이지만 옷걸이에서 떠나면 모양이 흐트러지고 정리라는 말과는 거리가 멀어진다. 그래서 치워도 치워도 끝이 없기에 주변은 항상 지저분하고 걸레처럼 쌓여 있어 걸레장사라 하는지 모른다. 그야말로 내 주변에도 실타래와 콘으로 스와지 헝겊이 널려 있어 치워도 치워도 끝이 없는 걸레장사로 꼭 20년을 이어 왔다. 1994년 9월, 내 나이 55세에 유성모직(주)을 사직하고 (주)대유에 기술 고문직을 마지막으로 직장생활에 종지부를 찍고 대교텍스를 창업하였다. 실을 팔기 위해 거래처에 드나들면서 제일 먼저 디자이너들을 만나게 된다. 훌륭한 디자이너가 되려면 옷에 대한 지식이나 상식을 가져야 하므로 이분들에게 기회가 있을 때마다 소재 교육을 하기도 하고, 패션회사 워크숍 때 초청강사로 백화점 관련 직원들에게 특수 소재에 대한 전문교육강사로 활동하고 있으며, 지금도 초청이 있으면 언제 어디서든지 교육을 하고 있다. 큰 브랜드 패션회사에서도, 인원이 얼마 안 되는 프로모션회사에서도 입에서 침이 튀도록 열변을 토하고 다니고 있다. 그러는 사이에 모은 자료들을 정리하여 한 권의 책으로 엮었다.

순수하게 공장생활을 하면서 얻은 지식과 경험 또는 장사를 하면서 얻은 여러 자료들을 토대로 서술한 것이지만 여러 곳에서 참고 자료들을 수집하여 편집하였기에 본인 이름으로 '지음'이라고 하지 않고 '엮음'이라고 하였다. 참고 자료로 이 책자에 실린 분에게 심심한 감사를 드리며, 자라나는 후배들도 지금 우리 업계가 비록 힘들고 고달프더라도 돈이나 환경에 너무 치우치지 않고 섬유인으로서 긍지를 가졌으면 하는 마음에 이들에게 작으나마 도움이 되는 참고서가 되었으면 하는 바람이다.

2017년 9월
김문표

01
방적
(紡績, Spinning)

방적(紡績, Spinning)

적당한 길이와 굵기를 가진 각종 종류의 섬유 솜을 여러 가닥으로 가지런히 합치면서 길이 방향으로 평행화(平行化, Paralleling)한 다음 용도에 따라 굵기를 조정(번수)하고 꼬임을 주어 강력을 갖게 하는 공정을 방적(紡績, Spinning)이라 하고, 방적에 의해 만들어진 제품을 방적사(Spun Yarn)라 하며, 최종 제품의 용도에 따라 실을 두 가닥, 세 가닥 또는 그 이상으로 합쳐서 꼬아(합연, 合撚, Twist, Doubling & Twist)서 여러 가지 용도에 알맞은 실을 만든다.

방적을 하고자 하는 원료에 따라 방적방법(Spinning System)을 분류하면 다음과 같다.

1) 면방적(Cotton Spinning System)

(1) 링 방적(Ring Spinning System)

Ring 정방기에 의해 생산하는 면방적으로

• CM(코마)사류 : CM50/1'S 40/1'S 30/1'S

• CD(카드)사류 : 30/1'S 20/1'S, A/C 50/50 20/1'S 30/1'S 40/1'S

등이 있으며 꼬임을 특별이 많이 준 강연사 등이 있다.

(2) O/E 방적(Open/End Spinning System)

O/E Cotton사 8/1-16/1'S 등은 장갑 실 등으로 비교적 굵은 면사를 생산하는 방적법이나, 요즘은 기술 개발로 30/1'S도 생산한다. 링 사에 비해 터치가 하시(Harsh, 딱딱한)한 편이다.

2) 모방적(Wool Spinning System)

(1) 소모방적(梳毛, Worsted Spinning)

양모 중에서 섬유 기장(Length)이 60~120m/m, 굵기(Fineness)가 18~30마이크론인 원료로 번수 20-60-80'S 등의 실을 뽑아 비교적 얇은 스웨터, 양복지, 양장지 등을 생산하는 방법으로 Wool 2/30'S 2/36'S 2/48'S 2/52'S 2/60'S 등 Super/Wash Wool 2/48'S 2/60'S 등이 주 생산사종이나 기술의 발달로 2/100'S 등도 생산한다.

(2) 방모방적(紡毛, Woolen Spinning)

양모 중에서 섬유 기장(Length)이 50m/m 전후되는 짧은 원료를 사용하여 방모 카드(Card) 뮬(Mule) 정방기를 이용하여 비교적 굵은 실을 뽑아 모포, 파일코트지, 홈스판과 같은 두꺼운 복지 또는 램스 울(Lambs wool), Shetland Yarn 등과 같이 두꺼운 스웨터 등을 생산하는 방법으로 Lambs wool 100% 1/15'S, 2/15'S Lambs wool/Nylon 80/20 1/15'S 2/15'S가 주종이나 세사(細絲)로 질롱(Zeelong)사의 2/24'S~2/30'S까지 생산하고 있으며 Angora Cashmere 등을 혼방하여 여러 가지 혼방사를 생산한다.

3) 견방적(絹, Silk Spinning)

Silk Filament(견연사) 제사 중 발생한 Waste(재생원료) 또는 불량고치, 쌍고치 등에서 재생하여 얻어진 Silk fiber를 원료로 하여 방직하는 방법으로 Silk 2/60-2/80'S 등이 있으며 타 섬유와 혼방사로 Silk/wool, Silk/cotton, Silk/acrylic 등을 생산하기도 한다.

4) 마방적(麻, Linen, Hemp Spinning System)

(1) 습식 방적(Wet Spinning)

마섬유를 원료로 하여 방적공정을 진행할 시 마 정방기에서 수분을 공급할 수 있는 특별장치(온탕)가 부착되어 있어 실이 되기 직전 조사(粗絲, Roving Yarn)가 수분장치를 통과하면서 방적되는 생산방법으로, 마에서 끈적끈적한 겔 상태(Gel)의 펩틴(Peptine)이

나와 모우(毛羽)가 없는 매끈한 실을 생산한다(Linen 1/25 lea).

(2) 건식 방적(Dry Spinning)

습식 방적법에 비에 모우가 많다.

5) 화섬방적(Chemical Fiber Spinning)

(1) 장섬유 방적(Filament)

Polyester Acrylic Nylon 등의 화섬원료 섬유를 Filament 상태로 생산하는 System으로, 다른 말로 방사(紡絲)라고 하며 75, 100, 150, 200D(데니어) 등으로 생산한다. 최근에는 방사기술의 발달로 데니어가 더 세분화되어 극세사 Filament로 개발되고 있다. Polyester 쪽에서 더 개발되어 보기 75d×24F, 36F가 보통이었으나 지금은 극세사로 Filament 한 가닥이 0.52d짜리도 생산되어 100d×194F, 즉 100÷194=0.5154d까지도 생산하고 있다.

(2) 단섬유 방적(Staple Fiber)

Acrylic Polyester 등 Filament를 방적 System에 알맞게 Staple화(단섬유화 Tow breaking m/c에서 방적 시스템에 알맞게 섬유를 절단함)하여 방적하는 방법으로, 주로 면방 시스템에 알맞도록 Filament를 절단하여 생산하는 Acrylic 20/1'S 30/1'S 또는 Cotton과 혼방한

A/C로 50/50 20/1'S 30/1'S 등을 생산하기도 하며 섬유 기장을 76~102㎜ 등으로 Cutting하여 소모방 시스템에서 생산하면 소모식 Acrylic 2/32'S 2/36'S(주로 Bulky yarn) 2/52'S 2/60'S(주로 Regular yarn) 또는 Wool 등과 혼방하여 A/W 2/36'S 2/48'S 2/60'S 등을 생산한다.

02
번수
(番手, Yarn Count, Yarn Number)

번수(番手, Yarn Count, Yarn Number)

항중식 표시법(Constant Weight System)

일정한 표준 중량에 대해 단위길이의 변화에 따른 표시법으로 다음과 같은 번수법이 있다.

- 면 번수법(Cotton Count): 1LBS의 면 솜으로 840YDS의 실을 만들었을 때 1's

- 소모 번수법(Worsted Count): 1LBS의 양모 솜으로 560YDS의 실을 만들었을 때 1's

- 방모 번수법(Woolen Count): 1LBS의 양모 솜을 256YDS의 실을 만들었을 때 1's

- 마 번수법(Lea Count): 1LBS의 마 솜으로 300YDS의 실을 만들었을 때 1Lea

- 공통 번수법(Metric Count): 1gram의 솜으로 1m의 실을 만들었을 때 1's

기본 기준 중량을 1lbs(454g)로 하여 번수법의 종류에 따라 실의 길이(YDS)를 다르게 설정했기 때문에 다 같은 1'S라고 표기해도 번수법에 따라 굵기가 서로 다르므로 주의를 요하며, 특히 업계에서 주로 사용하는 번수법은 공통 번수법과 면 번수법을 사용하여 사종에 따라 사용 번수법이 다르므로 완전한 이해가 필요하다.

2-2 항중식 표시법(Constant Length System)

일정한 표준 길이에 대해 단위무게의 변화에 따른 표시법으로 아래와 같이 두 가지 표시법이 있다.

- **Denier 법**: 9,000M의 실이 1g일 때 1 Denier라 하고 공통 번수법으로 9000'S가 1D이다.
- **Tex 법**: 1,000M의 실이 1g일 때 1 Tex, 즉 1000'S가 1Tex이다.

2-3 번수 환산식

실의 종류나 국가에 따라 여러 가지 번수법이 있으나 그 실을 직접 생산하는 국가 또는 공장의 조건에 따라 적용하는 번수법이 상이하며, 실제 시장 또는 염색공장, 의류 생산 공장 등에서 유통되는 번수법은 면 번수법과 공통 번수법만 알면 원사 구입 판매 또는 의류의 디자인 설계 생산에는 별 문제가 없으나 학술적으로나 수입·수출 시 서류상으로 가끔 여러 가지 번수를 알아야 할 경우가 있으므로 서로 환산한 번수법을 알아야 할 경우 아래 환산표를 적용하면 편리하다.

환산번수 / 번수	TEX 번수	영식면 번수	불식면 번수	공통 번수	Denier	LEA 마 번수	소모 번수
TEX 번수	–	$\dfrac{590.5413}{TEX}$	$\dfrac{500}{TEX}$	$\dfrac{1000}{TEX}$	$TEX \times 9$	$\dfrac{1,653.52}{TEX}$	$\dfrac{885.8119}{TEX}$
영식면 번수	$\dfrac{590.5413}{영식면번수}$	–	영식면번수 × 0.84668	영식번수 × 1.693365	$\dfrac{5314.88}{영식면번수}$	영식면번수 × 2.8001	영식면번수 × 1.50000
불식면 번수	$\dfrac{500}{불식면번수}$	불식면번수 × 1.18108	–	불식면번수 × 2.00000	$\dfrac{4500}{불식면번수}$	불식면번수 × 3.30740	불식면번수 × 1.77162
공통 번수	$\dfrac{1000}{공통번수}$	공통번수 × 0.5905413	공통번수 × 0.5000	–	$\dfrac{9000}{공통번수}$	공통번수 × 1.65352	공통번수 × 0.8858119
Denier	$D \times 0.111$	$\dfrac{5314.88}{D}$	$\dfrac{4500}{D}$	$\dfrac{9000}{D}$	–	$\dfrac{14,881.6}{D}$	$\dfrac{7972.29}{D}$
LEA 마번수	$\dfrac{1653.5157}{마번수}$	Lea번수 × 0.357142	Lea번수 × 0.302386	Lea번수 × 0.604772	$\dfrac{14,881.6}{마번수}$	–	Lea번수 × 0.535712
소모 번수	$\dfrac{885.8119}{소모번수}$	소모번수 × 0.66667	소모번수 × 0.564455	소모번수 × 1.12891	$\dfrac{7972.29}{소모번수}$	소모번수 × 1.866667	–

✛ 주요 번수 환산하기

보기1 영국식 면번수 30/1'S는 공통번수법으로는 몇 수인가?

앞 표에서

면번수×1.694=공통번수(Metric Count)

$30 \times 1.694 = 50.8$

즉, 코마사 30/1'S는 공통 번수 1/50.8'S와 굵기가 동일

하다.

보기2 마 25 Lea는 면 번수 및 공통 번수로 몇 수인가?

마번수(Lea)×0.3572=면번수 마번수×0.605=공통번수

$25 \times 0.3572 = 8.93$'S $25 \times 0.605 = 15.12$'S

보기3 공통번수 1/36'S는 Denier로 몇 D인가?

$$공통번수 = \frac{9000}{D} \quad 36 = \frac{9000}{D} \quad D = \frac{9000}{36} \quad D = 250D$$

보기4 Polyester 150d는 공통 번수로 몇 수인가?

$$공통번수 = \frac{9000}{D} \quad \frac{9000}{150} = 1/60$$'S

✛ 암기해 두면 좋은 번수 환산법

공식 1번 면번수×1.694=공통번수

공식 2번 공통번수×0.5904=면번수 또는 면번수=$\dfrac{공통번수}{1.694}$

$$\text{공식 3번 D(데니아)} = \frac{9000}{\text{공통번수}} \quad \text{또는 공통번수} = \frac{9000}{D}$$

2-4 번수 표기의 기호 표시

- 공통번수(Number of Metric Count): No.의 N과 Metric의 M을 따서 NM 또는 Nm 번수라고 함.
- 영국식 면번수(Number of English Count): No.의 N과 English의 E를 따서 NE 또는 Ne 번수라고 함.
- Tex번수
- Denier: D

2-5 번수 표기 요령

- 2/36'S: 공통 번수 표기법으로 36수 2가닥을 합쳤을 때 표기법
- 30/2'S: 면 번수 표기법으로 30수 2가닥을 합쳤을 때 표기법

즉 번수를 / 의 위쪽에 쓰고 합수를 아래쪽에 표기한 "번수/합수'S"는 면번수법이고, 반대로 번수를 / 의 아래쪽에 합수를 위쪽에 표기한 "합수/번수'S"는 공통번수법의 표기이다.

그러므로 어떤 사종의 번수를 표기할 때 면번수법에 의한 번수

법인지 공통번수법에 의한 번수법인지를 정확하게 알고 표기하여야 한다.

번수 표기방법에 따라 사종을 들면 다음과 같다.

- 면번수법(Cotton Count): 면방적 공장에서 생산되는 원사들로서 코마(CM)사, 카드(CD)사, A/C사, T/C사, T/R사, C/FLAX사 등이며 CM 30/1'S, CD 20/1'S, 20/2'S, A/C 50/50 30/2'S 등이 있다.
- 공통번수법(Metric Count): 소모방 공장, 방모방 공장의 생산 사종들로 Acrylic사, Wool사, A/W혼방사, 램사(Lambs) 등으로 Acrylic 2/32'S 2/36'S, Wool 2/48'S, Super/Wool 2/60'S, A/W 50/50 2/48'S, Lambs W/N(80/20) 1/15'S, 100% Lambs Wool 1/15'S 등이 있다.

2-6 합성번수 총번수(Total Yarn Count)

한 가닥의 실로 직물이나 편직을 하기도 하지만 필요에 따라 2가닥, 3가닥, 그 이상 몇 가닥으로 합쳐서 사용하는 경우가 더 많다. 이때 몇 가닥으로 합쳤을 때의 번수를 총 번수 또는 합성 번수라 하고 계산공식은 다음 장과 같다.

$$\text{총 번수} = \frac{\text{다른 번수끼리의 곱}}{\text{다른 번수끼리의 합}}$$

보기 1 Acrylic 1/36'S 2가닥을 합쳐서 연사했을 때 표기법과 총 번수는 얼마인가?

1/36+1/36=2/36'S라 표기하고

$$\text{총 번수} = \frac{36 \times 36}{36 + 36} = \frac{1296}{72} = 1/18\text{'S}$$

보기 2 Wool 1/48'S와 Cotton 30/1'S를 연사했을 때 총 번수는 얼마인가?

① Cotton 30/1'S를 공통 번수로 고친다.

  $30 \times 1.694 = 50.8$

② 공식에 대입하면

$$\text{총 번수} = \frac{48 \times 50.8}{48 + 50.8} = \frac{2438.4}{98.8} = 1/24.68 \fallingdotseq 1/25\text{'S}$$

보기3 Polyester 150d와 Acrylic 1/36'S와 연사할 때의 총 번수는 얼마이며, Denier로는 얼마인가?

① 번수 $= \dfrac{9000}{D} = \dfrac{9000}{150} = $ 1/60'S

$\dfrac{60 \times 36}{60 + 36} = \dfrac{2160}{96} = $ 1/22.5'S D $= \dfrac{9000}{22.5} = $ 400D

② D $= \dfrac{9000}{번수}$ $\dfrac{9000}{36} = $ 250D

150+250 = 400D

③ 또는 총 번수가 1/22.5'S이므로

$\dfrac{9000}{22.5} = $ 400D

보기4 어떤 원사가 사양(SPEC.) 란에 A/W 50/50 2/50.5'S라고 표시되어 있는 실이 있다면 어떤 의미인지 풀어서 설명하라.

Acrylic 원료와 Wool 원료를 각각 50%씩을 혼합한 원료 1g 솜을 50.5m로 늘어뜨린(Draft) 실을 2가닥으로 연사한 실을 의미한다.

03

실의
꼬임에 대하여

실의 꼬임에 대하여

적당한 기장(Length)과 굵기(Fineness)를 가진 섬유들이 길이 방향으로 적당한 굵기를 가진 채 나란히 집합 배열되어 있는 상태에서 적당한 꼬임(Twist)을 주게 되면 강력(Strength)과 신도(Elongation)를 가진 실(Yarn)이 된다.

이 실은 용도에 따라 꼬임의 정도가 다르고 F/W냐, S/S냐, 편사용이냐, 직사용이냐에 따라 꼬임을 달리한다. 대체로 꼬임을 많이 주면 실이 딱딱해지고 강력이 좋으며, 꼬임을 적게 주면 부드러우면서 강력은 약해진다. 일반적으로 S/S용 실은 F/W보다 꼬임을 많이 주는 편이며, 직사용이 편사용보다 꼬임을 많이 주고, 섬유장이 짧은 원료일수록 꼬임을 많이 주는 편이다.

즉, 꼬임의 효과는

- 실에 둥근 맛(Roundness)을 부여한다.
- 강력과 신도를 양호하게 한다.
- 실의 터치에서 부드러움을 요구할 때는 적게, 까칠까칠함(딱딱한 맛)을 요구할 때는 많이 주는 편이다.

실은 꼬임(Twist)을 줄 때 어떤 방향으로 꼬아주느냐에 따라 다음과 같은 꼬임의 방향이 있다.

- Z꼬임(Left Hand Twist, 좌연[左撚]): 주로 정방꼬임으로 단사류의 꼬임이며, 시계 반대 방향으로 꼬았을 때
- S꼬임(Right Hand Twist, 우연[右撚]): 주로 연사꼬임으로 2가닥 (2합사) 꼬임이며, 시계 방향으로 꼬았을 때

Z꼬임은 실이 처음 만들어질 때의 꼬임으로 정방꼬임이라 하고, S꼬임은 2합사하여 준 꼬임으로 연사꼬임이라고 한다.

S꼬임(Left Hand Twist, 우연)   Z꼬임(Right Hand Twist, 좌연)

주로 연사꼬임이다.   주로 정방꼬임이다.

꼬임수(Number of Twist)

실에 꼬임수가 얼마나 들어갔느냐를 표시할 때 2가지 표시방법
이 있다.

- **T/M**: 실 1m에 들어 있는 꼬임수를 뜻하며 Z=300 T/M이라면
  실 1m에 Z방향으로 300회 꼬임이 들어 있다고 의미함
- **T/inch**: 실 1inch에 들어 있는 꼬임수를 뜻하며, Z=3 T/inch
  이라면 실 1inch에 Z방향으로 3회의 꼬임이 들어 있는 실을
  의미함

실에 꼬임을 표시할 때는 Wool 2/48'S Z650/S550 T/M이라고
표시되면 Wool 2/48수에 정방꼬임(Z꼬임) 650 T/M에 연사꼬임(S
꼬임) 550 T/M이 들어 있는 실을 뜻한다.

04

섬유의
분류

섬유의 분류

4-1 천연섬유(Natural Fiber)

식물성 섬유 (Vegetable Fiber)	종자섬유 (種子纖維/Seed Fiber)	면화(Cotton)
		카포크면(Kapok)
	줄기섬유 (靭皮[인피], Bast Fiber)	아마(亞麻)Flax-원료상태(Linen-yarn 상태)
		저마(苧麻) Ramie-모시
		황마(黃麻, Jute)
		대마(大麻, Hemp)-삼
		청마(Indian Mallow)
		양마(洋麻, Kenaf)
	엽(葉)섬유 (Leaf Fiber)	아바카(Abaca)
		샤이잘(Saisal)
		뉴질랜드삼(New Zealand Hemp)
		칸타라(Cantala)
	과실섬유(Fruit Fiber)	코이아(Coir) 코코넛(Coconut)
동물성 섬유 (Animal Fiber)	견(絹, Silk)	가잠견(家蠶絹, Cultivated Silk)
		야잠견(野蠶絹, Wild Silk) -작잠견(Tussah Silk) -산고치견(Yamamai Silk)

		양모(Wool)-Sheep 양
		산양모(Goat Hair) 　-모헤어(Mohair) 　-캐시미어(Cashmere) 　-산양(Goat Hair)
	수모섬유(Wool, Hair)	낙타모(Camel Hair) 　-낙타모(Camel Hair) 　-비큐나(Vicuna Wool) 　-알파카(Alpaca Hair) 　-라마(Llama Hair)
		말(Horse Hair)
광물성 섬유	석면(石綿) Asbesto	

* 카포크 면(Kapok): 주산지는 필리핀. 가볍고 탄력이 좋으며 물에 대한 부력이 자기 중량의 30-35배나 되 구명기구로 사용

* 아마(亞麻, Linen): 중국 흑용강성 벨기에 프랑스 등이 주산지임. **실 상태일 경우 Linen, 원료 상태일 경우(방적되기 전전) Flax**라고 부름

* Mohair: 광택(luster)이 제일 좋음. 촉감이 부드러우며 Crimp가 없고 매끈매끈하며 흡습의 속도가 빨라 쾌적감을 줌

* Alpaca: 같은 굵기의 어느 섬유보다 가장 가벼운 것이 특징으로 안이 비어 있는 중공(中空) 섬유. 남미의 칠레, 페루, 볼리비아가 주산지. 자연색으로 화이트 계열이 45%, 카멜 10%, 다갈색, 검정, 회색 계열 등이 45%. 섬도는 26-28μ 70% 34-36μ 30%

* 카시미어 (Cashmere): 중앙아시아(신강, 티벹, 고비, 몽골리아)가 주 산지. 인도 북서부의 Kashmir 지방의 서식지에서 딴 이름임. 동물성 섬유 중에서 가장 부드럽고 가는 섬유. 14-16μ(마이크론)으로 중국의 요령성 신장 등에서 생산되는 것이 가장 부드럽고 가는 편임. 대채로 섬유장이 25-40mm 짧아서 방모용에서만 생산이 가능함

4-2 인조섬유(Man-Made Fiber, Manufactured Fiber)

재생섬유 (Regenerated Fiber)	섬유소계 (Cellulose계)	비스코스레이온-Polynosic Rayon (Viscose Rayon)
		동암모니아 레이온-Benberg Rayon (Ammonium)
		비누아세테이트(Saponified Acetate)
	단백질계 (Protein계)	동물단백-우유단백(Casein) (Animal Protein)
		식물단백-콩단백, 땅콩단백 (Vegetable Protein)
반합성섬유 (Semi-Synthetic Fiber)	섬유소계 (Cellulose계)	아세테이트(Acetate) Tri-acetate Acetated Rayon
합성섬유 Synthetic Fiber	Poly Amide Fiber	Toray Nylon(일), Nitiray Nylon(일) Dupont Nylon(미) Caprolan Nylon(미), Perlon(독) 고합나이롱(한), 효성나이롱(한) 동양나이롱(한)
	Polyester Fiber	Tetron(일)
		Ester(일)
		Dacron(미)
		Kodel(미)
		Vycron(미)
		Terylene(영)
		Esron(한)
		Ester(한)
	Poly Urethane Fiber	Lycra(미)
		Vyrene(미)
		Spandex(한)

	Poly Propylene Fiber	Pylen(일)
		Herculonn(미)
		Happylon(한)
	Poly Vinyl Chloride Fiber	Teviron(미) Rhovyl(불)
	Poly Vinylidene Chloride Fiber	Kurehalon(일) Saran(미)
	Poly Fluorethylene Fiber	Teffron(미)
	Poly Vlinylalchohol Fiber	Vinylon(일)
	Poly Acrylonitrile(Acrylic) Fiber	Cashmilon(일)-아사히가제히 Vonnel(일)-미쯔비시레이욘 Exlan(일)-도요보 Toray(일) Beslon(일) Orlon(미) Monsanto(미) Acrilan(미) Townflower(대만) Tairylan(대만) Creslan(미) Zefran(미) Hanilon(한)-한일합섬 Acelan(한)-태광산업
	건식 Acrylic	Finel(일)-미쯔비시레이욘 Dralon(독일-Bayel) Orlon(미 듀폰)-생산 중단
	Modacrylic Fiber	Kanekalon(일)-카네보
		Dynel(미)
		Verel(미)
무기질섬유	금속섬유 Tinsel Thread	금절박사
		은절박사
		알미늄절박사-Lurex(미)
	규산염섬유	Glass Fiber(유리섬유)
		Rock Fiber(암석섬유)
		Slug Fiber

* 신소재 섬유: Cellulose계의 Rayon과 같은 펄프를 소재로 한 섬유로 Tancel, Modal, Lyocel 섬유가 있으며 Rayon 섬유의 단점인 물에 약한 성질을 개선하고 형태 안정성이 높은 섬유로 현재 가장 각광을 받는 섬유들임

* 합성섬유 중 Poly Acrylic 섬유보다 Poly Ester계의 섬유가 흡한 속건(吸汗速乾, Quick absorption & fast drying)의 기능성과 초극세사의 섬유가 개발되므로 합성섬유 시장을 현재 장악하고 있음

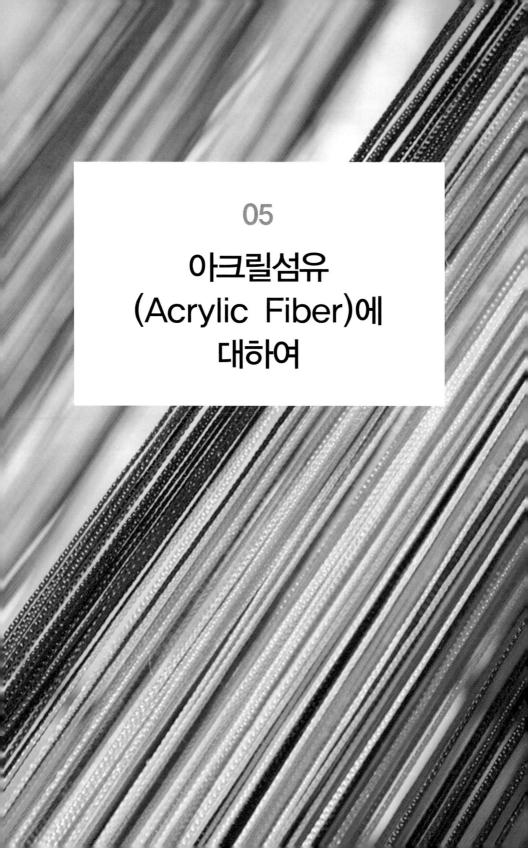

05

아크릴섬유 (Acrylic Fiber)에 대하여

아크릴섬유(Acrylic Fiber)에 대하여

5-1 아크릴섬유의 특성

강도는 2~5g/d, 신도는 25~50g/d이고 비중은 1.17 정도로 가벼우며, Bulky 가공을 할 경우 공기를 내포하게 되어 타 섬유에 비해 대단히 가볍다.

내마모성, 내열성이 아주 우수하다. 147℃ 이상에서 황변하며, 232℃에서는 연화 혹은 점착을 일으키며, 다리미 온도는 135℃ 이하가 안전하다.

산·알칼리에 대해 저항력이 강하고 표백제 및 유기용제(솔벤트) 등에도 강하다.

방충성이 우수하여 곰팡이 등에 대해서도 저항성이 강하나 Wool이나 Cotton 등과 혼방되어 있을 경우 완전치 못하다.

염색은 Cation 염료에만 염색이 되고 Colour감이 선명하고 밝으며, 어느 섬유보다 Pastel Colour가 가능하다.

5-2 수축률에 따른 분류

아크릴섬유의 특징 중의 하나는 물에 삶거나 스팀 열로 가열하면 실을 이루고 있는 하나하나의 낱개 섬유가 길이의 변화를 일으키는, 즉 열탕에 의해 수축이 일어나는 성질을 가지고 있어 그 수축의 정도에 따라 원료를 다음과 같이 분류한다.

- 비수축섬유(Non-shrinkable Fiber)
  - Regular Fiber   3% 미만 수축
- 수축섬유(Shrinkable Fiber)
  - Low Shrinkable Fiber   10% 미만 수축
  - Medium Shrinkable Fiber   15~18% 미만 수축
  - High Shrinkable Fiber   20~25% 미만 수축
  - Super Shrinkable Fiber   35~40% 미만 수축

위와 같이 열탕에 의해 섬유의 길이가 짧아지는 수축현상은 다른 화학섬유에는 없는 특징으로, 이 성질을 이용하여 여러 가지 특성과 장점을 가진 실을 만들 수 있다.

⊹ 벌키 사(Bulky Yarn)란?

NON SHRINKABLE FIBER(비수축) 50%
SHINKABLE FIBER(수축) 50%
— MIXING (혼방) — SPINNING (정방) — YARN (실) — 염색사 (벌키사)

위처럼 두 가지 성질을 가진 섬유를 50%씩 혼방(Mixing)하여 실을 만든 후(정방, Spinning) 용도에 따라 한 가닥 실(단사) 또는 2합실(합사)로 연사한 후 타래를 만들어서 열처리(염색 또는 Boiling)를 하게 되면 실 속의 50% '수축섬유'들은 수축률에 따라 20~25% 정도 섬유 길이가 짧아지면서 실 속으로 파고든다. 반대로 나머지 50%의 '비수축'섬유들은 스스로 수축될 수 없으므로 수축섬유를 따라서 라면 모양으로 크림프(Crimp)를 이루면서 실 표면으로 튀어나오는 현상이 생겨 결과적으로 전체 실이 수축률만큼 굵어지고 부풀어지면서 Volume감이 있는 폭신폭신한 실이 된다. 이러한 현상을 'Bulky성'이라 하고, 이런 Yarn을 'Bulky Yarn'이라고 한다. 아래는 수축률에 따라 Bulky Yarn을 분류한 실의 종류이다.

Bulky Yarn의 종류	수축률
Low Bulky Yarn	10% 미만
Medium Bulky Yarn	15~20%
High Bulky Yarn	20~25%
Super Bulky Yarn	35~40%

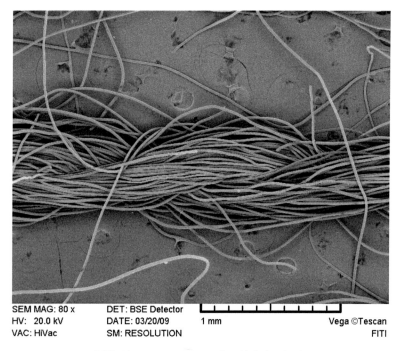

SEM MAG: 80 x   DET: BSE Detector
HV: 20.0 kV   DATE: 03/20/09   1 mm   Vega ©Tescan
VAC: HiVac   SM: RESOLUTION   FITI

염색 전 100% Acrylic R/W 상태의 2/36'S

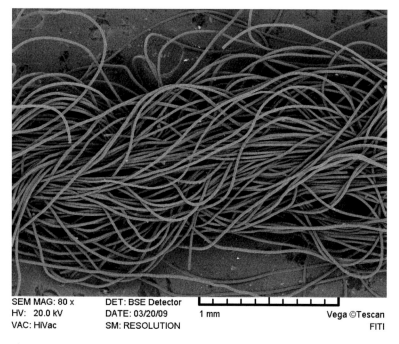

R/W 100% Acrylic 염색 후 Bulky가 된 상태. 수축섬유는 수축되어 실 속으로
들어가고 비 수축섬유는 크림프를 이루고 있다. 2/36'S가 2/28'S가 됨.

5-3   수축률과 번수

   Bulky Yarn은 수축률에 따라 방적공장에서 실제 생산하는 번수,
즉 R/W 번수와 염색 후 번수, 즉 편직기에 색사로서 편직 되는 염
색사의 번수로, 다음과 같은 기준으로 번수를 정하여 실을 생산하
고 있으며 SMM, DMM 번수 2종류가 있다.

- SMM 번수: **S**pinning **M**etric **M**easurement(방적기에서 실제 생산된 번수)
- DMM 번수: **D**yeing **M**etric **M**easurement(염색 후 실제 번수)

일반적으로 아크릴사는 다음과 같은 기준으로 방적공장에서 R/W 를 생산하고 있다.

Acrylic Yarn의 수축률별 SMM/DMM 번수와 횡편기 사용 게이지

Bulky별	SMM 번수	수축률	DMM 번수	횡편기 G/G	사용가닥수 (PLY수)	G/G별 기준번수
High-Bulky	1/3	25%	1/2	3	1 PLY	1/2
〃	2/8	25	2/6	5	1	1/3
〃	2/32	25	2/24	7	2	1/5.5
〃	2/36	25	2/27	12	1	1/12.5
〃	2/48	25	2/36	10	2	1/8.5.
〃	2/64	25	2/48	12	2	1/12.5
Middle-bulky	2/40	17~18	2/32	10	2	1/8.5
〃	2/34	20	2/27	12	1	1/12.5
〃	2/60	20	2/48	12	2	1/12.5
Low-Bulky	2/50.5	5~6	2/48	12	2	1/12.5
〃	2/60	5~6	2/57	14	2	1/14.5

※ 각종 편직기에 적용되는 염색사 번수는 DMM 번수임. 즉 2/36'S의 R/W 상태의 번수지만 실제 적용되는 번수는 2/28'S로 편직됨.

일반적으로 횡편기 스웨터의 Gauge별 적정 번수는 다음과 같다.

Gauge	공통번수(적정번수)	비 고
16G/G	1/18(1/18~1/20)	Plan 조직 기준
14G/G	1/15(1/14~1/16)	〃
12G/G	1/13(1/12~1/14)	〃
10G/G	1/8.5(1/8~1/10)	〃
7G/G	1/5.5(1/5~1/6)	〃
5G/G	1/3.5(1/3~1/4)	〃
3G/G	1/1.7(1/1.5~1/2)	〃

게이지별 적정번수는 사종에 따라 다르며 일반적으로 마찰계수가 높은 실일수록, 볼륨감이 좋은 실일수록 게이지를 굵게 먹는 편이다.

보기 1 Cotton 20/2으로 횡편기 스웨터 7G/G를 짜려면 몇 가닥이면 알맞을까?

① 공통 번수로 고친다. 20/2=10/1×1.694=16.94
  16.94÷5.5 = 3.08, 즉 20/2 3가닥으로 짜면 게이지가 맞다.
② Cotton 30/2'S로 게이지별 가닥수를 계산해보자.
  30/2=15/1×1.694=25.41
  25.41÷13=1.95=2가닥   12 G/G
  25.41÷8.5=2.989=3가닥   10 G/G
  25.41÷5.5=4.62=4가닥이면 너무 무르고 5가닥이면 너무 딱딱하다.

앞의 표는 어디까지나 Plan 기준이며 소재에 따라 섬유 마찰계수가 틀리고 질량이 다르므로 같은 번수라 할지라도 두께, 즉 지름이 다르므로 게이지 먹는 것이 약간 다르다. 그러나 앞의 표에서 게이지별 적정 번수를 맞추면 거의 맞고 기계별 도목 조정의 여유가 있으므로 관계되는 디자인실이나 생산 관리하는 사람에게는 참고가 될 것이다.

5-4 광택(Luster)에 의한 분류

Acrylic Fiber는 광택에 따라 다음과 같이 분류한다.

광택(Luster) 종류	내 용
Deep Dull(Full Dull)	자연 컬러의 아이보리나 크림에 가까운 컬러로, 천연의 Cotton 컬러임
Dull	Deep Dull보다 약간 연하고 밝은 색
Semi-Dull	Dull보다 약간 White에 가까운 Offer/White라고 보면 됨. 모든 화섬원료의 대표적인 컬러임
Bright/Super Bright	Dull 또는 Semi-Dull에서 광택 처리한 것으로, 소재에 따라 원료 메이커에 따라 약간 차이가 있음
Spark	반짝반짝 스파크링하게 광택 처리한 것

광택(Luster)에 의한 분류는 모든 합성섬유에 다 적용되며 Polyester Fiber, Poly Amide fiber 등의 나일론 섬유나 재생섬유인 Viscose Rayon 등에도 적용된다.

Acrylic Yarn의 기능별 종류와 특징

Acrylic Fiber는 Synthetic Fiber 중에서 Wool에 가까운 물리적 성질을 가진 섬유이다. 섬유공학자들의 궁극적인 목적은 Wool과 물리적 성질이 유사한 섬유를 만들고자 하는 것일지도 모른다. 그래서 Wool이 갖는 여러 가지 특징을 가진 섬유를 만들고자 끊임없이 연구 노력하고 있는 것이다.

1) A/W Blended(Mixed) Yarn

Acrylic Fiber는 앞에서 언급한 대로 열탕에서 삶거나 염색을 하면 수축이 일어나 Fiber의 기장이 짧아지는 Shrinkable Fiber(수축성 아크릴섬유)와 섬유 기장에 아무런 변화가 없는 Non- Shrinkable Fiber(비수축성 아크릴섬유)의 두 종류가 있다. 이들 두 가지 성질을 가진 아크릴을 이용하여 여러 가지 A/W Yarn을 만들 수 있으며 대표적인 것을 들면 다음과 같다.

(1) A/W Bulky Yarn

'A/W 혼방사'는 Acrylic의 Bulky성을 이용하여 Acrylic Bulky Yarn처럼 수축 Acrylic 40~50%와 나머지 Wool을 혼방하여 방적했을 경우 수축되는 Acrylic은 수축이 되어 안으로 파묻히고, 수축이 안 되는 Wool은 크림프를 이루면서 실 표면에 돌출되어 나오면서 전체 실이 Wool과 같은 촉감을 내면서 Volume감이 있고 쿠션이 좋은 A/W Bulky Yarn이 된다.

이런 Bulky Yarn의 경우는 R/W 상태에서의 번수와 염색 후 번수(DMM)가 다르기 때문에 High Bulky(20~25% 수축), Medium Bulky(15% 전후), Low Bulky(10~5%) 중의 어느 원료와 혼방을 했느냐에 따라 염색 후 번수가 달라지기 때문에 유념해야 한다. 보기를 들면 다음과 같다.

① High Bulky A/W Yarn

A/W의 혼용률에 따라 A/W 50/50, 70/30, 80/20, 90/10 2/36'S, 2/32'S 등이 있으며 2/36'S는 염색하면 DMM 2/27~2/28'S가 되고 2/32'S는 DMM 2/24'S가 된다.

② Medium Bulky A/W Yarn

A/W 60/40 2/40'S(DMM 2/32)는 Dry Acrylic을 이용한 Yarn으로 터치가 부드러운 특징이 있다.

③ Low Bulky A/W Yarn

A/W 50/50, 70/30, 2/50.5'S Anti-Pilling Yarn(DMM 2/48'S) 2/34'S(DMM 2/32'S Anti-Pilling 또는 Conjugate Yarn이 있으며

이들 Yarn은 저수축으로 외관상으로는 비수축에 가까운 스웨터용
이며, 용도가 가장 많은 12G/G 5~7G/G용의 대표적인 실이다.

이처럼 A/W 혼방사는 Wool 혼방률에 따라 A/W(90/10), (85/15),
(70/30) 등 여러 가지 혼방사를 만들 수 있으며 Acrylic의 Bulky성
을 이용하여 'A/W Bulky Yarn'을 만들기도 하고 비수축 아크릴을
이용하여 'A/W Yarn Non-Bulky Yarn'을 만들기도 한다.

(2) A/W Non-Bulky Yarn(Regular Yarn 비수축 A/W Yarn)

Acrylic Fiber를 Non-Shrinkable Fiber와 Wool과의 혼방사로
Wool의 %에 따라 여러 종류의 실을 만들 수 있다. 염색을 하여도
외관의 변화가 없고 실이 미끈하며 잔털이 없고, 실의 꼬임이
Bulky Yarn에 비해 많이 들어가 있기 때문에 딱딱한 편이어서
F/W사보다 S/S 사용으로 편사보다 직사용으로 많이 쓸 수 있다.

보기로는 A/W 50/50, 70/30, 85/15, 90/10으로 1/36'S, 1/40'S,
1/52'S 등의 환편사(Circular Knit Yarn)용이 있으며 A/W 50/50,
70/30, 85/15, 90/10의 2/30~2/52'S, 2/60~2/72'S 등으로 A/W
Bulky Yarn보다는 비교적 꼬임이 많이 들어가므로 S/S용 스웨터
또는 직사용으로 Fancy yarn의 심압사(芯壓絲) 시보리용(점퍼류의
소매 단 또는 컬러)으로 쓰기도 한다.

2) 콘쥬게이트사(Conjugate Yarn 또는 Bi-Component Yarn)

Acrylic Bulky Yarn은 Yarn 중의 약 50%의 수축섬유가 염색 중 열탕에 의해서 기장이 짧아지게 되나 비수축섬유는 스스로 오그라들 수 없어 물리력에 의해 크림프를 이루면서 오그라들게 되므로 부피가 굵어지고 두툼한 Volume감 있는 Bulky실이 된다. Fiber 제조 공정 시 노즐(Nozzle)에 익해 섬유방사(紡絲)를 할 때 섬유 자체 단면(斷面) 한 가닥(2~3Denier) 섬유에 비수축 성질과 수축 성질을 가진 물성을 한 노즐에 반반씩 갖도록 만든 섬유로, 이를 '콘쥬게이트 섬유'라 칭한다.

일반적으로 Wool섬유는 양들이 목장에서 풀을 뜯어 먹고 건강하게 잘 자란 양에서 얻은 양털(Wool Fiber)일수록 Scale과 Crimp가 잘 발달되어 있다. 크림프는 ⌇⌇⌇⌇⌇ 과 같은 모양으로 양모의 푹신함과 공기를 많이 머금게 하는 특징을 갖게 하는데 이 콘주게이트 섬유도 Wool이 가지고 있는 크림프를 인공적으로 갖게 한 것이다. 즉, 위에서 설명한 것과 같이 섬유 단면의 1/2는 Bulky섬유처럼 수축성 성질을 갖게 하고 1/2는 비수축성 성질을 갖게 한 Fiber를 가지고 실을 만든 후 실을 염색하면 수축성을 가진 쪽은 수축하려고 하고 비수축 쪽은 수축이 안 되려고 하다 보니 물리력에 의해 섬유가 Coil상으로 뒤틀리게 되어 Wool이 가지고 있는 Crimp와 동일한 모양의 Crimp을 갖게 되어 결과적으로 Wool과 유사한 터치를 내게 한 것이 Conjugate Yarn인 것이다(그림 참조).

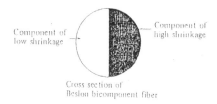

Component of low shrinkage — Component of high shrinkage

Cross section of
Beslon bicomponent fiber

Crimps of Beslon bicomponent fiber
(three-dimensional)

Bicomponent type

824 - B3d
Regular Type

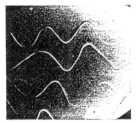

Bicomponent type
724 - B4d

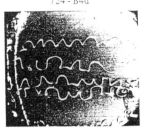

Australian merino wool 70'

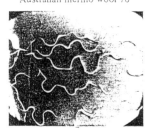

Conjugate 섬유와 Wool과의 비교
(Mitsubish Rayon사의 Acrylic Yarn의 선전용 책자에서)

보기 사종으로는 100% Acrylic Conjugate 2/34'S 또는 A/W 50/50, 70/30, 2/34'S Conjugate Yarn이 있으며 이들 수축률은 Low Bulky로 10% 정도의 수축률을 가지고 있다.

Wool Fiber의 털은 〰〰〰 과 같은 Crimp를 많이 가지고 있다. Acrylic Fiber를 염색하거나 물에 삶았을 때 Wool과 같이 Crimp를 갖게 한 것이 'Conjugate Fiber'이라 하고 이 섬유를 이용해서 A/W 를 만들었을 경우 'A/W Conju' 등으로 부른다. Wool섬유의 특징 중 다른 섬유에서 볼 수 없는 Scale(비늘)과 Crimp(주름)를 가지고 있다는 것인데, 이 중 Crimp를 Acrylic 섬유에 부여하여 일부 Wool 과 같은 유사한 질감 내지 터치를 갖도록 한 섬유가 'Conjugate Yarn(Bi-Component Yarn)'인 것이다. 즉, Acrylic Fiber의 제조공 정에서 Fiber의 단면의 반(1/2)은 '수축성', 다른 반(1/2)은 '비수축 성'을 갖도록 원료 방사공정에서 물리적 성질을 부여한 섬유를 만 든다. 그런 다음 타래 염색을 하거나 삶을(Boiling) 경우 반쪽의 수 축성을 가진 쪽은 수축되려고 하고 비수축 쪽은 수축이 안 되려고 하다 보니 섬유가 한쪽으로 뒤틀리게 되어 Coil 모양의 Crimp를 형 성하게 되어 Wool과 같은 크림프를 갖게 되어 Touch 및 Volume 감이 Wool Yarn과 유사한 성질을 갖도록 한 실로서 다른 말로 하 면 Wool Like yarn이라고 부르기도 한다.

3) Anti-Pilling A/W Yarn(항필링 A/W Yarn)

일반 A/W Yarn에 Acrylic 쪽을 Anti-Pilling Acrylic Fiber와 혼방하여 만든 A/W Yarn으로, 항필링 처리를 한 특수 Acrylic Fiber를 사용하여 만든 실을 Anti-Pill A/W Yarn이라고 한다.

'Pill'의 원인은 여러 가지 설이 있으나 원단이나 스웨터 표면에 계속적인 마찰을 주게 되면 정전기가 발생하게 되고, 정전기에 의해서 발생된 섬유가 +전기 또는 −전기를 띤 섬유끼리 합쳐지면서 덩어리를 이루는 현상이 보푸라기(Fuzz, Fluff Pill)이다.

니트나 섬유 원단에서 보풀이 안 생기도록 하는 방법은 없다. 모든 섬유는 정도의 차는 있지만 보풀은 생길 수밖에 없으나 정전기를 덜 발생시키면 훨씬 적게 발생하게 되므로 옷이나 원단 가공 시 대전방지제로 처리하거나 약간 습기를 부여하거나 하면 되지만 일시적인 방법밖에 안 된다. 또한, 실에 꼬임을 많이 주거나 긴 섬유장을 가진 섬유로 실을 만드는 등 조직 시 섬유가 잘 빠져나오지 못하도록 조직을 단단하게 짜는 등의 방법이 있을 수 있으나 서로 상관관계가 있으니 적당한 최적의 방법을 찾아야 하지만 완벽한 방법은 없다. 섬유공학자는 어떻게 하면 항필링성 아크릴을 만들 것인가를 고뇌하다가 약간의 트릭을 써서 항필링성 아크릴을 만들었다. 즉, 일반 아크릴보다 섬유 물성을 강(强)하게 만들어 마찰에 의해 섬유가 한쪽 방향으로 굽어졌다가 다시 원위치 될 때 굽었던 자리(굴곡)에서 섬유가 절단되어 공기 중으로 날아가 버리게 함으로써 섬유끼리 엉키어 붙어 있을 겨를을 주지 않게 한 섬유가 'Anti-Pilling Acrylic'이다. 이는 어찌 보면 공기 중에 섬유부스러기를 한없이 날려 보내고 있어 엄격하게 말하면 공해물질을 공기 중에 계속 발생시키는 셈이며 섬유공학자가 사기를 친 것이라 할 수 있다. Wool과 혼방했을 때 대체로 3급 이상 유지해야 한다.

생산 사종은 A/W(70/30, 50/50), 2/34'S, 2/50.5'S 등이 있으며 해사, 편직 중에는 섬유가 사도(絲導) 부분을 통과하면서 굽었던 쪽이 다시 반대로 원 위치되면서 섬유가 Cutting되므로 다른 A/W 사보다 먼지가 많이 나는 편이다.

Anti-Pill Acrylic Fiber는 원료 Maker에서 저마다 특징을 갖고 만들고 있으나 국내에서 많이 유통되는 원사 중 가장 역사가 오래되고 좋은 평을 받고 있는 원사의 원료는 다음과 같다.

원료는 일본 Mitsubish Rayon CO. LTD(三菱商事株式會社)의 원료 리스트 중 H508 Type(Conjucate with Anti-Pilling Type)과 H 612 Type(Anti-Pilling Type)을 50%씩 섞은 것에 Wool과 혼방하는 것이 가장 터치도 좋고 Pilling 등급도 높은 편이며, 일본 Toyobo(東洋紡) 메이커의 Exlan 브랜드 중 C862 Type과 Toray 브랜드의 2202, 2262, 2462 등이 있다. 한국의 태광산업(주)에서도 본 타입의 원료가 생산은 되고 있으나 이 모두 Mitsubish Rayon의

퀄리티에 못 미치며 특이할만한 것은 H508과 612는 콘쥬 타입의 원료이므로 약간 Bulky성이 있어(6~8%의 수축률) 방적 시 반드시 SMM 50.5'S의 방적을 하여 염색한 후 DMM 번수가 48'S가 되도록 맞춘 실로 약간의 볼륨감이 있도록 했으나 기타 메이커의 원료는 콘쥬 타입이 아니므로 SMM과 DMM 번수가 48'S로 동일하므로 터치 면에서도 미쯔비시 원료를 못 따라간다.

4) Dry Acrylic Yarn

Acrylic Fiber를 제조 방사하는 방법에 따라 건식방사법(Dry Spinning System)과 습식방사법(Wet Spinning System)의 2 System이 있으며 Dry냐 Wet냐에 따라 Acrylic Fiber의 물성이 약간 상이하다. 지금까지 많이 사용해 왔던 한일합섬의 Cashmilon(Hanilon)과 태광산업의 Acelan, 일본의 Vonnel Exlan Cashmilon 등은 모두 Wet System이다. Dry Acrylic으로는 일본의 Mitsubish Rayon의 Finel과 독일 Bayel의 Dralon, 미국 Dupont의 Orlon 등의 이름을 가진 Brand가 있으며 이들은 Wet System보다 Touch가 Soft하고 가벼우며 흡습 속건성도 Wet에 비해 우수하다. Fiber의 단면(Cross Section)이 Wet은 원통형(Circle형)이나 Dry Acrylic은 Cocoon형 또는 Bone형의 단면을 갖고 있다. Dry Acrylic은 염색이 역간 까다로워서 염색 의뢰 시 Dry Acrylic이라고 명기를 해줘

야 하며 염색 시 승온(昇溫) 관리에 주의해야 한다. 일반 Acrylic은 70도에서 온도 상승에 따라 서서히 염색이 되나 Dry acrylic은 90도에서 갑자기 염색이 되기 때문에 잘못하면 염반이 생길 염려가 많다. 각 염색공장에서 Dry Acrylic이라 하면 충분한 경험을 갖고 있기 때문에 송장이나 작업의뢰서에 'Dry-Acrylic'이라고 필히 명기를 해주는 것이 염색 사고를 미리 막는 길이다.

생산 시종으로는 독일 Dralon 원료를 가지고 만든 A/W 사종으로 DLAM(A60/W40), (50/50) 2/40'S, 2/58'S 등이 있다.

터치가 아주 Soft하므로 일본 미쯔비시사(社)에서는 Cashmere처럼 Soft하다고 해서 'Cashmere Like.'란 이름으로 Dry Type인 Finel 원료를 이용하여 100% Cashmere Like 2/28, 2/32, 2/36' 2/48'S 등을 생산하여 스웨터 7~12G/G 용으로 생산하고 있다. 터치가 너무 Soft하여 캐시미어와 구분하기가 힘들 정도이며 '더 부드럽게 부드럽게' 가면서 아크릴의 Denier도 더 Fine한 원료 쪽으로 가고 있어 1 Denier 미만으로 가는 경향이 있다. 또한, 스웨터 가공방법도 다양해져서 R/W로 스웨터를 성글게 짜서 페덜 다잉(Pedal Dyeing) 또는 피스 다잉(Piece Dyeing) 방법으로 옷을 만든 채로 염색하면서 벌키(기모) 가공을 하면 스웨터 표면에 보송보송한 잔털(Fuzz)이 표면에 나면서 아주 터치가 부드러운 스웨터를 만들 수 있다. 그야말로 캐시미어 같이 유사한 터치의 스웨터를 만들어 '홈플러스' 'E-MART' 등의 저가이면서 캐시미어 같이 보이는 스웨터가 현재 일시적으로 유행하고 있으며 부드러움을 이용하여 머플러 숄 등의 용도로 다양해지고 있다.

5) 기타 특수 Acrylic

(1) 고수축 아크릴사(Super Shrinkable Acrylic)

일반 High Bulky Acrylic은 20~25%의 수축률을 가지면서 Bulky Yarn의 효과를 내나 38~40% 정도의 고수축성을 부여하여 Wool의 원단을 밀링(Milling 또는 Felt 가공) 가공 시 수축률이 38~40%의 고수축이 일어나고 있는 성질을 이용하여 Wool의 여러 가지 Felt 원단을 만드는 것처럼 아크릴섬유도 이 고수축 성질을 이용하면 특수한 효과를 내는 Yarn 또는 원단을 얼마든지 만들어낼 수 있어 개발만 잘하면 특수한 효과의 Yarn 내지 원단을 만들 수 있다.

고수축 아크릴을 이용한 실을 보면 다음과 같다.

① A/W(70/30), 50/50) H/H Bulky Yarn 2/36'S를 이용한 Felt 원단 만들기

SMM 2/36'S이므로 염색을 하면 38%의 수축이 일어나므로 DMM 2/22'S의 사가 된다. 이 수축률을 이용하여 스웨터를 성글게 짜서 후가공 염색(Pedal Dyeing)을 했을 때 조직이 완전히 감추어져 니트 조직이 보이지 않고 방모 원단의 Felt(Milling) 가공한 것처럼 되는 스웨터도 가능하다. 자카트 조직으로 여러 문양의 조직을 짠 후 원단 가공을 하면 니트 조직은 감추어지면서 Woven 같은 조직으로 되어 자카트 조직의 원형이 다른 조직 또는 패턴으로 변형되는 자카트 문양을 얻을 수 있어 특이한 문양들을 개발할 수 있다.

② A/W 1/15'S, 1/10'S의 Boucle Yarn 만들기

Fancy Yarn Twister 없이 고수축 아크릴을 이용하면 만들 수 있다. 100% 고수축 아크릴을 이용하여 1/52'S, 1/60'S 등의 단사를 이용하여 이를 100% Wool 1/48'S 등과 1대1로 연사하여 다시 4합 연사를 하여 행크를 만든 후 Hank Dyeing을 하면 고수축의 아크릴이 수축되면서 Wool 1/48'S는 링이 되어 표면에 나타나므로 Fancy Twister에서 Over-Feed를 주어 링을 만드는 효과와 같은 원리로 Boucle Yarn을 만들 수 있다.

(2) Acid Dyeing Acrylic

Acrylic은 일반적으로 Cation(아크릴 전용 염료)에만 염색이 되나 Wool과 같이 Acid Dyeing(산성염료)에 염색이 되도록 개발한 것으로 일반 Acrylic과 혼방하여 Two Tone 효과를 내기도 하고 Melange Yarn을 만드는 데 사용하기도 한다. 보기의 실로는 다음과 같다.

① Acrylic/Acid Acrylic 80/20 2/8'S

Acid Acrylic을 20% 정도 혼방하여 로빙사 또는 솔사 등을 만들어 Two Tone 효과를 내어서 A/W 얀처럼 만들어 겨울용 스키모자, 망토, 솔, 장갑사 등으로 쓸 수 있다.

② Acrylic 50%, Acid A 50%, 2/32'S - 2/36'S

발키 얀을 만들어 미주지역 수출용 메란지 얀 등의 후염용 원사를 만들 수 있다.

③ Acrylic 50%, Wool 30%, Acid A 20% 2/48'S

Acid를 20~30% 혼방하여 A/W 50/50 효과를 낼 수 있으며 단가를 낮추는 A/W Yarn 등을 만들 수 있다.

(3) 흡습성 Acrylic(Water Absorbent Type)

Cotton과 거의 같은 정도로 물을 흡수하는 아크릴섬유이다. 이는 Acrylic Fiber 단면 표면에 예리한 칼로 자국을 낸 것 같거나 또는 고목나무가 오래되어 마르면 갈라져 표면에 틈새들이 많이 있는 것 같거나 가운데가 비어 있는 철봉대(Steel Pipe)의 한쪽을 칼로 잘라 C형 단면의 섬유를 만든 것 등으로, 이런 Fiber로 실을 만들어 조직을 만들었을 경우 섬유에 만들어진 작은 틈 또는 모세관 사이로 모세관 원리에 의해 물이 흡습되는 원리를 이용한 섬유이다. 보기로는 일본 Mitsubish Rayon CO. LDT의 H609 Type의 Swift라 부르는 Fiber가 있으며 Toyobo의 Exlan Maker에서는 K626 Type이 흡습성 아크릴섬유이다.

이 100% Swift Type로 30/1'S를 만들어 환편(丸編)으로 짠 원단과 100% 코마 30/1의 원단을 가로 세로 각 20×40㎝로 원단을 손수건처럼 만들어 세면대야에 물을 붓고 잉크 또는 기타 색소를 한 방울 떨어뜨려서 색깔 있는 물을 만든 후 두 원단을 가지런히 펴서 끝을 물에 동시에 담가 물이 빨려오는 정도 및 속도를 보면 면과 거의 같은 속도 높이만큼 올라오는 것을 볼 수 있다. 흡습 테스트를 한 결과 거의 면(Cotton)과 동일한 결과를 얻을 수 있다.

측면   단면

미쯔비시 레이온 사(社)의 흡습성 아크릴의 구조

(4) 도전성 Acrylic(導電)

Acrylic 표면에 화학처리를 통해 도전성을 갖도록 하여 정전기를 방지하도록 한 것으로, 기계적인 마찰 또는 화학작용에도 안정하도록 개발된 섬유이다.

이밖에도 기타 항균성 Acrylic, Ramie Like(마 Touch), Cotton Like Acrylic 등 섬유공학자들은 자연섬유가 갖는 모든 종류의 물리적 성질을 갖춘 섬유를 합성섬유(Synthetic Fiber)에서 가능하도록 끊임없이 연구 개발하고 있다.

ACRYLIC YARN의 종류와 특징용도

YARN NAME	원료 SPEC	LUSTER	번수 SMM	번수 DMM	연수 Z	연수 S	BULKY BUL KY	BULKY N-BU LKY	편직기 GUAGE	USAGE(용도)
ACRYLIC BULKY (ROVING YARN)	BULKY ACRYLIC 3D 50% N-BULKY ACRYLIC 3D 50%	S/DLL	1/3	1/2.25	150			○	1.5~3	스카용모자, SHOWL용
	BULKY ACRYLIC 5D 50% N-BULKY ACRYLIC 3D 50%	S/DLL BRT	2/8	2/6	240	170		○	1.5~3	〃
ACRYLIC BULKY YARN	BULKY ACRYLIC 3D 50% N-BULKY ACRYLIC 3D 50%	〃	2/32	2/24	340	240		○	7 * 2 END	스웨터, PILE용 모포등
	〃	〃	2/36	2/28	360	250		○	12 * 1 END	스웨터, PILE용, 기타편직물
	〃	〃	1/36	1/30	420			○		환편용, 스웨터, 보조사용, 양말용
	〃	〃	2/48	2/36	480	340		○	14 * 1 END	환편용, 스웨터 (생산단가배문에 생산안함)
	〃	〃	2/60	2/46	550	380		○	12 * 2 END	〃
	〃	〃	2/72	2/52	590	420		○	14 * 2 END	〃
	〃	〃	2/76	2/58	620	440		○	14 * 2 END	〃
ACRYLIC REGULAR YARN (소모방SYSTEM)	ACRYLIC N-BULKY 3D	S/DLL	1/26		450		○			시브리, 2/52대용, FANCY YARN 심암사용
		S/DLL BRT	1/52 ~2/52		620	430	○			〃

ACRYLIC YARN의 종류와 특징용도

YARN NAME	원료 SPEC	LUSTER	번수		연수		BULKY		횡편기 GUAGE	USAGE(용도)
			SMM	DMM	Z	S	BULKY	N-BULKY		
ACRYLIC REGULAR YARN (편방적사)	ACRYLIC 1.5~2 D	S/DULL	2/64		720	570		○		직물, 환편니트
	"	"	2/52		680	540		○		직물, 환편니트, 시보리
	"	BRT	2/66		770	660		○		"
	"	"	2/52		680	540		○		직물, 환편니트, 시보리 FANCY YARN 심아사
	"	"	1/52		680			○		"
	ACRYLIC2 D	S/DULL	1/25		450			○		"

ACRYLIC/WOOL 혼방사 종류와 특징용도

YARN NAME	원료 SPEC	LUSTER	번수		연수		BULKY		횡편기 GUAGE	USAGE (용도)
			SMM	DMM	Z	S	BULKY	N-BULKY		
A/W BULKY사	ACRYLIC 3D BULKY 50% WOOL 64'S TOP 50%	S/DULL	2/36	2/28	380	270	O		12 G/G	스웨터 12G/G용. 환편니트
	ACRYLIC 3D BULKY 50% WOOL 64'S TOP 50%	"	1/36	1/30	420		O			환편니트용. 앙말사, 기타사 보조용
	ACRYLIC 3D BULKY 50% ACRYLIC 3D REGULAR 20% WOOL 64'S TOP 30%	"	2/36	2/28	380	270	O		12 G/G	스웨터 12G/G용. 환편니트
			1/36	1/30	420		O			환편니트용. 앙말사, 보조사
	ACRYLIC 2/3D BULKY 50% WOOL64'STOP 50%	"	2/48	2/36	500	360	O		12 G/G	스웨터. 환편니트
	ACRYLIC 2/3D BULKY 50% ACRYLIC 3D REGULAR 20% WOOL 64'STOP 30%	"	2/48	2/36	500	360			"	"
	ACRYLIC BULKY 2/3D 70~50% WOOL64'S TOP 30~50%	"	1/40	1/36	520		O			환권용
A/W ANTIPILL YARN	★SOFT TYPE ACRYLIC 2D 50% WOOL 66'S TOP%	"	2/ 50.5	2/48	540	360	LOW BULKY (5~6%)		12 G/G * 2 END	스웨터 12G/G*2PLY용 일계 VONNEL 원료사용. 3,5급이상
	★NORMAL TYPE ACRYLIC 3D 50% WOOL 64 T5%	"	3/ 50.5	3/48	540	300	"		"	스웨터 14G/G*1PLY용 원료 위아 동일

ACRYLIC YARN의 종류와 특징용도

YARN NAME	원료 SPEC	LUSTER	번수		연수		BULKY		횡편기 GUAGE	USAGE(용도)
			SMM	DMM	Z	S	BULKY	N-BULKY		
A/W ANTIPILL YARN	ACRYLIC ANTI 2D 50% WOOL 66'S TOP 50%	S/DULL	2/60	2/57	580	380	LOW BULKY 5~6%		14 G/G * 2 END	스웨터 14G/G * 2PLY용 원료 일본 VONNEL 원료사용 급수 3.5급 이상
	ACRYLIC ANTI 3D 70~50% WOOL 64'S TOP 30~50%	"	2/34	2/32	400	260	"		7 G/G * 3 END 14 G/G * 1 END	스웨터 14G/G * 2PLY용 원료 일본 VONNEL 원료사용 급수 3.5급 이상
	※ 일제 VONNEL TYPE의 H508, 612 안티필링과 CONJUGATE TYPE 사용 수축 5~6% BULKY									
	※ 기타원료 ACRYLIC ANTIPILL 70~30% WOOL 22 M 30~50%	S/DULL	2/48 ~2/60	2/48 ~2/60			NO-BULKY		12G/G ~14G/G	스웨터용 12 ~14G/G용 원료 일본 TORAY ACRYLIC 또는 한국 대광 ACELAN ACRYLIC ※ BULKY가 없으므로 SMM번수 DMM번수 동일함
A/W CONJUGATE YARN	ACRYLIC CONJUGATE 3D 30 50% WOOL 23 M 70 50%	S/DULL	2/34 ~2/48 ~2/60	2/31			미들분기 15%		14G/G * 1PLY 5~7G/G	스웨터용 14G/G * 1PLY 원료 ACRYLIC CONJUGATE TYPE PILL 급수 2.5~3급 TOUCH가 WOOL TOUCH가 남

ACRYLIC YARN의 종류와 특장용도

YARN NAME	원료 SPEC	LUSTER	번수		연수		BULKY		횡편기 GUAGE	USAGE(용도)
			SMM	DMM	Z	S	BULKY	N-BULKY		
A/W REGULAR YARN	ACRYLIC REGULAR 3D 30~70%	S/D	2/48		560	380		○	12G/G	스웨터 12~14 G/G용 일반 A/W사로 PILL급수 2.5급
	WOOL 60~64'S TOP 70~30%		~2/60		600	400		○	~14G/G	저급용 일반 A/W사
	ACRYLIC REGULAR 2~3D 70~50%	S/D	1/36		510			○		횡편용 18 ~ 32 G/G
	WOOL 60~64'S TOP 30~50%	S/D	~1/40		540			○		
	〃		~1/52		620			○		
ACRYLIC + SUPER WASH WOOL	ACRYLIC ANTIPILL 2D/3D 50%	S/D	2/50.5					○	12G/G	최고급 스웨터용 원사 12~14 G/G
	S/WOOL 64' 50%		~2/60					○	14G/G	ANTIPILL ACRYLIC과 SUPER WASH WOOL과의 혼방사로 PILL.
	ACRYLIC ANTIPILL 2D/3D 30%	S/D	2/50.5					○	12G/G	3.5이상의 물세탁 용이.
	S/WOOL 60~64'S TOP 70%		~ 2/60.5					○	14G/G	최고급 GOIF용 스웨터 및 자켓용

ACRYLIC YARN의 종류와 특징용도

YARN NAME	원료 SPEC	LUSTER	번수 SMM	DMM	연수 Z	S	BULKY	N-BULKY	횡편기 GUAGE	USAGE(용도)
DRY ACRYLIC YARN (CASHMERE LIKE YARN)	DRALON 2D BULKY 50% DRALON N,BULKY 3D 50% N-BULKY	S/D	2/28	2/24	390	270	15% BULKY		7G/G	※ DRALON (독일제, BAYEL) 대신 일제 FINEL을 쓰기도 함. ※ TOUCH가 대단히 SOFT하며 "CASHMERE LIKE"라고 함 ※ 生地 (R/W상태)로 KNITTING 하여 피스다잉 (PEDAL DYENG) 하면 15% BULKY 가 일어나 조직(편직) 제로 BULKY가 일어나 부드러우며 서 잔털이 뽀송한 조직이 된다.
	"		2/32	2/28	420	290	"		~	
	"		2/36	2/30	450	320	"		10G/G	
	"		2/48	2/40	510	360	"		12G/G	
DRY ACRYLIC /WOOL	DRY ACRYLIC BULKY 2D 60% WOOL 64'S TOP 40%	S/D	2/40	2/32	370	180	15% BULKY	7~12G/G		※ CASHMERE LIKE TOUCH 의 SWEATER
	DRY ACRYLIC BULKY 85% 70% WOOL 64'S TOP 15% 30%	S/D	1/36 ~2/36	1/30 ~2/30			"			※ 횡편 및 스웨타용

06
양모(Wool)
섬유에 대하여

양모(Wool)섬유에 대하여

6-1 양모의 특성

여러 가지 특성이 있지만 가장 대표적인 것이 Wool Fiber 표면에 고기비늘 또는 소나무 껍질과 같은 Scale이 있으며 라면땅 모양의 Crimp가 있어서 방적성, 보온성, 탄력성, 흡습성, 발수성 및 난연성의 특징을 갖게 한다.

양모의 특성과 섬유소재로서의 특성

양모의 특성		섬유소재로서의 특성
Scale	포합성 신도(Felting성) 흡습성, 다기공성	방적성이 좋고 사강력을 줌 (단점이나 Felt 당구지 사용) 보온성, 단열성, 땀 방습
Crimp	Bulky성	Volume감, 착용감 선호
표피가 소수성	발수성	때가 덜 타고 물에 녹는 속도가 느림
나선형 원자구조	탄력성	외관이 좋고 구김 회복력이 큼 카펫 활용
주성분인 Keratin에 불연성 질소 16% 함유	난연성	담요, 카펫, 소방복 활용

※ 섬유원료 제일모직(주) 제2장 27

섬유별 비교

구분	길이(m/m)	굵기(μ)	수분율(%)	비중	발화점 온도	신도
양모	55~300 (60~100)	15~45 15~25	18.25	1.32	570~600	30
면	10~30	11~30	8.5	1.5	260	5
견		10~30	11	1.4	370	20
마	300~1200	15~80	12	1.5	560	2
Rayon			12	1.5	420	20
Polyester			0.4	1.4	490~560	25~50
Nylon			4.5	1.1	490~580	25~60
Acrylic			1.5	1.1	470~530	25~50

※ 인모 50~90μ, 소 150μ, 말 260μ 섬유원료 제일모직(주) 제2장 28

6-2 Wool Yarn을 좌우하는 요소

- 번수, Touch(Soft, Harsh)는 Wool의 질번(몇 μ짜리 Wool을 가지고 실을 만들었느냐)에 의해 좌우된다. 번수가 가늘고 부드러운 쪽일수록, 가느다란(細, Fine) 원료를 굵고 Harsh한 실일수록 Coarse한 원료를 선택한다. 그러므로 똑같은 100% Wool 2/32'S라도 편사, 직사, S/S, F/W의 용도에 따라 원료의 질번을 달리하며 원료는 가늘고 길수록 단가가 비싸므로 실의 용도 단가에 따라 알맞은 원료를 선택해야 한다.

- Sweater용, Knit용(환편용), 직사(S/S, F/W)용에 따라 원료 질번 꼬임을 달리하며 Fine(細)한 원료를 사용하면 할수록 퀄리

티는 좋아지나 Yarn Price는 올라간다.

6-3 방모사와 소모사

- 소모사(梳毛絲, Worsted Yarn) → 섬유장이 가늘고 긴 원료 사용(19~30μ 전후, 섬유장 50~80m/m) → 세사(30~80'S 방적) → 얇은 복지(신사지, 양장지), 얇은 Knit, 스웨터류(12게이지 이상의 스웨터 등)

- 방모사(紡毛絲, Woolen Yarn) → 섬유장이 짧은 원료(사용 길이가 짧아 소모방에 사용이 불가한 원료) → 중태사(3~20'S) → 비교적 두꺼운 복지(후지) → 모포, 오버지, 홈스판 등의 우븐 직물과 Lambs Wool 1/15'S, Shetland Wool 2/8'S 등의 스웨터용 원사

- 방모사는 Wool의 '먼지'를 가지고도 실을 뽑을 수 있을 정도로 Wool의 재생원료(Waste Wool)를 얼마든지 사용이 가능한 만큼 재생원료와 새 원료와의 조합(Mixing)으로 또는 Nylon Fiber와 혼방하여 여러 종류의 방모사의 생산이 가능하며 100% Pure Wool을 사용할 경우 최고급 방모사를 얻을 수 있지만 원사 주문 시 가격을 싸게 하면 할수록 재생원료의 함유율이 높아질 수 있음을 염두에 두어야 한다. 방모사에 Nylon

Fiber와 주로 혼방하는 것은 Wool섬유의 Length가 짧아 강력을 보완 유지할 수 있도록 하기 위해서이다.

6-4 Super Wash

- 양모 표면에 엉겨 붙어 있는 고기비늘 또는 소나무 껍질 같은 'Scale'은 양모섬유의 장점이면서 단점이다. 즉, 모직물을 따뜻한 물에 담가 비눗물로 문질러 세탁을 하게 되면 모직물 원단이 수축이 일어나게 되는 현상을 Felting이라고 하며, 이 수축을 일으키는 주범은 Scale이다.

- 이 Scale을 염소 등의 화학약품으로 처리하여 표면을 깎아내어 둔화시키거나 효과를 좋게 하기 위해서 수지(Resin)로 표면을 Coating하기도 한다. 그리하여 양모의 수축률을 거의 완전하게 제거함과 동시에 특유의 광택을 증가시키는 가공을 Super Wash 가공이라 한다.

- Super Wash 처리는 약제 또는 가공 방법에 따라 여러 가지가 있으나 Super Wash 가공을 한 원단 또는 제품은 물세탁이 용이하도록 한 가공방법이나 기계식 물세탁기로 세탁을 할 경우는 약간 위험성을 내포하고 있으며, 요즘 Wool세탁 전용 세제가 많이 나오고 있으므로 Super Wash 처리한 옷도 울 전용 세

제로 가볍게 물세탁을 하는 것이 바람직하다. 실제 유통시장에서는 Super Wash 가공한 제품도 세탁 태그(Tag)는 Dry Cleaning 태그를 붙이는 경우가 대부분이다. 왜냐하면 고가의 옷이기 때문에 물세탁으로 문제가 발생할 경우 고객 Claim을 염려하여 Super Wash 처리한 옷에도 세탁 Tag에 물세탁 금지표시를 하는 것이 보통이다.

• Super Wash 가공처리를 한 우븐 원단 또는 니트 원단의 경우 Pilling성하고는 거의 무관하나 Normal Wool보다는 0.5급 정도 높다고 보면 된다(아래 제일모직 컬러북에서 Super Wash 처리 전후의 Wool 사진 참조).

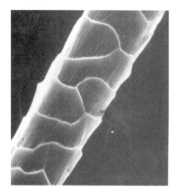
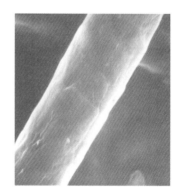

| Wool의 처리 전 Scale의 확대사진 | 처리 후 Scale 깎인 확대 사진 |

Super Wash 처리 전후의 비교

⊹ 처리방법

- 양모(羊毛)의 Scale 구조를 화학처리(염소와 Horcosette 처리)로 둔화 제거하여 방축성(防縮性)과 광택을 증진(增進)시키고 부드러운 축감과 질감을 갖게 한 처리를 Super Wash 가공이라 함
- 방축성 내지 광택 효과를 증진시키기 위해 표면에 수지(Resin) 가공을 하기도 함

⊹ 특성

- 물세탁에 의해 수축이 되는 것, 즉 방축성(防縮性)이 양호함
- 부드러운 촉감 부여
- 광택이 우수함
- 염색 시 컬러감이 우수함

⊹ 효과

- Wool 세제를 사용하면 어느 정도 물세탁이 가능한 효과
- 광택이 우수하여 모헤어 또는 캐시미어 같은 고급스런 효과 부여
- 기타 타 소재섬유와 혼방으로 더 다양한 소재의 얀 개발 가능함

6-5 Wool 100'S 방적사로 최고급 양복을

- 100'S를 방적할 수 있는 원료는 호주 양모 975 Type 중 최고급 양모로 불리는 '1PP Type'이며 연간 2,000kg의 극소량만 생산된다.

- 일반 양모는 목장에서 사육되나 옷을 입혀 완만한 경사지에 한 마리씩 특별 관리하여 사육한다.

- 일반 양모의 굵기는 20~25μ이나 1PP는 16.9μ으로 순백색이며, 일반 양모는 1Bale/30~40마리(175kg)이나 1PP는 1Bale/100마리(100kg)의 생산만 이루어진다. 가격은 일반 양이 5$/kg인 데 비해 1PP는 100$/kg이나 된다.

- 100'S 방적은 이탈리아, 일본에 이어 한국의 제일모직, 도남모직, 경남모직에서 생산했지만 요 근래에는 캐시미어 등을 혼방 방하여 150'S까지도 생산하고 있지만 상징적인 의미일 뿐 상품으로서 가치는 높다고 할 수 있으며, 실용성 면에서는 별로 효과가 없다.

6-6 양모의 염색(Hank 염색 시)

- 양모섬유는 전 세계 섬유 총 생산량의 5% 정도로 낮은 비중을

차지하고 있으며 면섬유가 50%, 합성섬유가 37%, 기타 셀룰로오스 섬유가 8% 정도여서 우리나라는 Wool 사용량이 대단히 높은 편이다(너무 고급화되어 있다).

- 양모섬유는 그 구조가 대부분 단백질로 구성되어 있으며 Amino기로 구성된 Polypeptide라고 부르며, 이는 Nylon섬유와 구조가 비슷하여 염색성이 동일하여 Wool과 동일 염료로 염색하는 것이 특징이다.

- 일반적으로 염색공장에서 산성염료를 많이 사용하며 색상이 화려하고 다양하며 염색 방법이 간편하고 일광견뢰도 등은 좋으나, 습윤견뢰도가 불량하므로 견뢰도를 요구할 경우 반드시 반응성 염료를 사용하는 쪽으로 가고 있다.

- 염색사의 경우 일반적으로 염색공장에서는 염색 후 탈수, 건조, 포장 등의 공정을 통해서 해사공장 또는 편직공장으로 출하되나, 염색공장에서 100% Wool이라고 특별히 건조하는 것이 아니고 일반 다른 사종의 원사들과 같이 건조를 하기 때문에 건조가 덜 된 상태로 공기가 통하지 않는 폴리비닐 팩에 포장되어 출하하는 경우가 대부분이다. 이때 해사공장 또는 편직공장에서 작업 사정으로 폴리비닐 팩에 묶어둔 채로 1주일 이상 해사를 않고 방치해둘 경우 폴리 팩 속에서 Wool이 부식, 변질하는 경우가 자주 일어나고 있다. 특히, 외기온도가 높은 여름철에는 장기간 습기에 젖은 상태로 방치할 경우, 또는 해사를 하여

Cone으로 보관할 경우 공기가 통하지 않아 안쪽에 곰팡이가 생기거나 부식하는 경우가 자주 있다. 따라서 장기간 보관해야 하는 경우에는 보관 중에 수분을 흡습하는 일이 없도록 통풍이 잘 되는 곳에 보관하고, 박스에는 방습지 등을 넣어 포장하거나 완전히 건조시켜서 보관해야 하며, 이때는 필히 나프탈린을 넣어 두어야 한다. R/W Wool을 보관할 때에도 비를 맞히거나 땅바닥에서 습기를 받을 경우 Wool이 쉽게 변질되며, 변질된 Wool 은 염색이 되지 않고 썩은 냄새가 나면서 사절이 발생되므로 습기에 대한 보관 관리가 중요하다.

6-7 양모의 종류

1) 양종에 의한 구분

- Merino Wool: 대표적인 양모로 25μ이하 굵기로 복지, 고급편사용으로 사용
- X-Bred Wool: 25μ이상의 굵은 태번수 양모로 Corriedale, Polwarth 등 Fine X-Bred $23\sim32\mu$은 편사용으로 Rommey, Coopworth, X-Dale에서 32μ이상은 카펫에 사용

2) 산모방법에 의한 구분

• Shorn Wool: 살아 있는 양에서 깎은 양모로, 대부분의 원모는 이 형태로 거래된다.
• Slipe Wool: 도살된 양가죽에서 뽑아낸 양모를 말하며 Skin Wool, Pulled Wool, Fermongered Wool이라 불리며 모근이 남아 있어 염색이 곤란하다.

3) 가공공정에 의한 구분

• Grease Wool: 양에서 바로 깎아낸 원료 상태로, 잡물이 부착되고 양의 기름이 함유되어 있는 원모
• Scoured Wool: 토사, 잡물, 양지를 제거한 양모
• Carbonized Wool: 양모 속에 식물성 섬유(풀씨, 풀잎사귀) 등을 황산으로 태워 없앤 원료로, 주로 방모용 원료
• Combed Wool: Wool 속에 함유되어 있는 잡물, Nep, 토사 등을 Card, Comber 기계를 거쳐 완전히 제거한 양모로 주로 소모용 원료로만 사용한다.

4) 산지에 따른 구분

• 호주 양모: 호주는 세계 최대 양모 생산국임과 동시에 수출국으로 고급 양모시장 특히 Merino 종 양모 시장의 약 90%을 점령하고 있으며 양모의 Style, Crimp, Length가 좋아 부드러운 촉감을 가지고 수출 가격면에서도 우위를 점하기고 있으며 최고급 원료인 1PP Type과 21-23 마이크론, 30 마이크론의 태번수 등 골고루 생산하고 있다.

양종	구성	섬도(u)	양모의 특징
Merino	70%	15 - 25	− Fine wool로 Crimp, Style이 뛰어남
− Saxion	(10)	15 - 20	− Medium wool로 주종 양모임
− Peppin	(40)	21 - 23	− Strong wool 섬유장이 길고 강함
− South Aust.	(20)	23 - 25	
X - Bred	30%	25 - 32	− Bulky성, 광택, Length가 좋음
− Corriedale	(15)	20 - 25	− 광택, Color, Length가 좋고 부드럽
− Polwarth	(15)		고 유연함

※ 섬유원료 HAND BOOK 제일모직(주)에서

• 뉴질랜드 양모: Merino 종보다 X-Bred 종의 최대 생산국으로 Carpet용 Coarse wool이 80% 정도 차지하며 Merino 종은 품질은 우수하나 생산량이 적고 33-38 u이 주종이다. 호주 양모에 비해 볼륨감이 좋으며 환미(Roundness)는 좋으나 Harsh한 대신 Length가 긴 편이며 대신 VM이 낮아 TOP 수율이 좋은 편이다.

양종	구성	섬도(μ)	양모의 특징
Merino	4%	17 - 24	- Roundness, Length가 좋으며 VM이 낮다.
X - Bred - Ronney - Coopwarth Perrendale	90% (46) (12) (8)	 33 - 37 35 - 39 31 - 35	 - Bulky성이 낮고 광택은 중간 - Bulky성이 낮고 광택은 낮은 편 - Bulky성이 좋고 광택은 낮은 편
Down 기타	6%	23 - 45	- Length가 짧거나 긴 것 등 다양한 편임

※ 섬유원료 HAND BOOK 제일모직(주)에서

세계 양모시장의 90%를 차지하고 있는 호주의 Merino 양모는 호주에서 목양되는 특성에 따라 다음과 같이 구분되므로 우리나라에 수입되는 호주 양모를 양종별로 어떤 종류가 있으며 어떤 특징을 갖고 있는지 알 필요가 있다.

양종	번수	섬도(μ)	길이 (Length)	Flc Wt.
Super fine Merino (SAXION)	74S, 80S, 90S	18.5μ & Finer (평균 18, 17, 16μ)	75mm	4.0kg *최고급 소모사 60에서 100'S 생산
Fine Merino (SAXION)	70S	18.6 - 19.5μ	80mm	4.8kg *슈퍼워시 울사 2/48-2 /60'S 주종원료 *방모 램스울용 원료
Medium Merino (Peppin)	64S	20.6 - 21.5μ	90mm	6.5kg *2/48에서 2/30 사이의 대중번수

				*일반혼방사 FANCY YARN용
Strong Merino (South Australian)	56S, 58S, 60S	22.6 - 26.6μ (평균 23, 24, 25, 26μ)	100mm	6.5kg *비교적 굵은 번수 20 미만 또는 각종혼 *혼방사용-FANCY YARN용-

※ 섬유원료 HAND BOOK 제일모직(주)에서

양모와 관련된 주요한 용어

1) IWS(International Wool Secretariat)

- 세계 양모소비를 촉진하기 위해 1973년에 양모 수출국이 결성
- 본부는 런던에 있고 Wool Mark 인가 및 Wool의 선전, 홍보 담당

2) IWTO(International Wool Textile Organization)

- 1927년 설립된 양모산업의 국제대표기구
- 브뤼셀에 본부가 있고 25개 회원국을 가지며 '한국소모방협회'가 가입되어 있음
- 세계 양모산업, 무역, 정보중재, 기술 등 모든 분야 관장

3) 섬도(Fineness)

- 원모 Fiber의 한 가닥 굵기를 표시할 때 쓰는 단위로 몇 마이크론 원료 또는 품질 번수를 표시하여 WOOL TOP 64'S(수) Top(22.6~23.5마이크론)이라고 말한다.
- 1마이크론=1/1000m/m 단위로 양모 직경의 측정치를 표시함
- 원료(양모)의 섬도와 품질번수(질 번수)는 아래 표 참고

Wool의 섬도와 방적번수와의 상관관계

품질번수	Micron	방적번수	Merchant 표시 관행
100'S	~16.9	100'S UP	Super 100~150'S
90'S	17.0~17.4	100'S	Super 90'S
80'S	17.5~17.9	90'S	Super 80'S
70'S	18.6~19.5	70'S	〃
64'S	20.6~21.5	52'S	Super 74'S
60'S	22.6~23.5	28~40'S	Super 62'S
58'S	23.6~24.5	16~32'S	〃

※ 섬유원료 제일모직(주) 제2장 74

6-9 특수모의 종류와 특징

산양과	Mohair
	Cashgora
	Cashmere
낙타과	Camel
	Alpaca
	Guanaco
	Vicuna
	Llama
Fur섬유	Angora
	Rabbit Hair
	Nutria
	Beaver
	Seal
	Deer
	Chinxchilla
	Mink
	Raccon
	Maskrat
	Reindeer
	Yak
	Musk Ox
기타	Karacul

1) Mohair

- Mohair는 터키, 미국, 남아프리카공화국에서 주로 생산하며 광활한 저목지대가 있는 대평원이나 고원지대에서 자란다.
- 생후 2년 반에 걸쳐 점차로 굵어져서 섬도는 새끼(Kid Mohair)의 경우 $24\sim27\mu$, 어미(Adult)의 경우 40μ, 길이는 1년에 8~10inch까지도 자란다.
- Mohair는 광택이 풍부하고 매우 부드럽고 매끈한 특성을 가지고 있으며 수분의 흡습이 양모의 2배에 가까워 의류로서 쾌적감을 주어 여름용 의류로서 최적이나, 방적이 어려워 고급 기술이 요구된다.
- 아시아 각국에서의 수요 증가가 지속되고 있으며 일본 쪽은 수편사 및 남성복에서 수요가 증가하고 있다. 유럽에서는 Kid Mohair 인기가 더해가고 있다.

2) Cashgora

구분	특징	섬도(μ)	번수('S)
Fall Kid	생후 6개월 후 전모된 것	24	58~60
Spring Kid	생후 12개월 후 전모된 것	26	56~58
Fall Young Goat	생후 1.5개월 후 전모된 것	30	54
Spring Young Goat	생후 2년 후 전모된 것	38	44~46
Adult	4차 이후 전모된 것	45	40

- 주로 NZ에서 생산 번식하고 있으며 Angora 수컷 야생 암 Goat와 교배시켜 만든 것이다. Mohair는 광택이 많으며 22~40 μ 정도이나 Cashgora는 그 중간 정도의 광택에 18~21μ 정도이며, Cashmere는 광택이 없고 18μ 이하이다.
- Cashgora는 NZ산이 가장 양호하며 Cashmere와 Mohair를 능가하는 많은 장점을 가지고 있다.

3) Cashmere

- 인간이 사용하는 원료 중 최고로 불리는 섬유 중의 하나이다.
- 주로 중앙아시아(Shingang, Tibet, Gobi, China, Mongolia)에서 생산되고 있다.

- 채모 방법은 양털은 기계로 깎지만 Cashmere는 빗질하여 긁어내므로 시간이 걸리고 양도 적다.
- 산지별 주요 특징

국가	특징
중국	섬도가 가장 Fine하고 White 색상이 많음. 촉감이 우수하여 Knit 및 방모용으로 최적이나 Length는 짧음.
몽골	Length가 가장 길고 강력이 강하여 직물용으로 많이 사용되나 White Colour가 적고 Black Hair가 함유되어 있음.
이란, 아프간	섬도는 Coars하여 Length는 중국, 몽골의 중간 정도임. Dark Colour 중심으로 중저가 가격 및 Blend용으로 주요 사용.
인도	이란, 아프간과 품질이 비슷하며 Cashmere Shawl을 수편하는 가내 공업용으로 쓰임.
터키	이란, 아프간과 유사한 섬도 및 섬유장을 가지고 있음. 가죽에서 뽑은 것이 대부분이므로 수율 및 화학처리에 의한 손상으로 품질이 떨어짐.
호주	호주에서는 최고 Cashmere를 사육하고 있으나 중국, 몽골에 비해 품질이 떨어짐.

4) Alpaca

- 남아메리카의 고원지대에 주로 살고 있으며, 낙타류의 일종으로 안데스 산맥의 해발 400~500m에 이르는 고원지대에 서식한다.
- Alpaca모는 길이가 길고 Silky하며 광택과 보온성을 갖고 있

으며 양모 중 가장 가벼운 섬유로 가운데가 비어 있는 내공섬
유이다.

- 다른 동물에서 찾아볼 수 없을 정도로 천연의 풍부한 Colour
  를 가지고 있으며, 흰색이 전체 산모양의 45%, Camel이 10%,
  다갈색, 짙은 갈색, Grey, 검은색으로 이들이 45%를 이룬다.
  섬도는 26~28μ의 것이 전체의 약 70%, 34~36μ것이 30%이며,
  Baby Alpaca에서 언어지는 22~24μ의 것은 연간 50톤에 불과
  하다.
- Alpaca종에는 Suri종과 Huacaya의 2종이 있으며, Suri종이 광택
  이 있고 부드러운 반면 Huacaya는 Spongy하고 Crimp가 많다.
- Alpaca는 자체 100%로 실을 뽑아 유명 Designer들에 의해
  Fashion 제품에 사용되고 있지만 타 섬유, 특히 아크릴과 울과
  Alpaca 등의 혼방으로 Hair 효과를 내는 데 많이 사용된다.

5) Angora

- Angora는 Angora 토끼털을 말하며, 매우 가늘고 부드러우며
  순백의 색상을 가지고 있다.
- Angora Rabbit Hair는 내부에 뼛속처럼 몇 개의 공기포가 이
  어져 있어서 온도조절을 하고 있으며, 양모에 비해 30% 정도

보온력이 높다.

- 흡습성이 높아 40%의 습기를 흡습하고도 젖은 느낌이 나지 않는다.

- 순백의 색상을 가지고 있어 파스텔 풍의 염색을 하면 우아하고 아름답다.

- 정전기 발생이 높아 Angora의 혼용률이 높을수록 방적이 어렵고 비모도 많으며, 방적 후에도 털이 잘 빠져나오는 결점이 있다.

구분	품질
Super	섬유장이 40m/m 이상, 굵은 hair 함유량이 4% 이상인 것으로 이 중 굵은 hair 함유량이 40~50%인 것은 Super Spiky라 한다.
1st	섬유장이 33m/m 이상이며 2등급의 원료가 5% 이하 함유된 것
2nd	섬유장이 27m/m 이상이며 3등급의 원료가 5% 이하 함유된 것
3rd	섬유장이 17m/m 이상이며 4등급의 원료가 5% 이하 함유된 것
Other	섬유장이 13m/m 이상인 것이 4등급으로 구분되며 기타 원료인 기타 등급으로 분류

6-10 Wool의 직사(Weaving yarn)와 편사(Knitting yarn)

1) 편사(編絲, Knitting Yarn)

스웨터용 실, 즉 횡편기(橫編機)용 원사 또는 환편기(丸編機)용 원사로 만들어진 Yarn을 말하며, 직사보다 꼬임이 적게 들어가고 Soft하고 딜이 많이 나오게 만든 것이 특징이다. 편사용 실 중에서도 주로 단사류는 환편용, 2합 연사류는 스웨터용으로 쓰는 경우가 많다.

2) 직사(Weaving Yarn)

Woven Yarn이라고도 하며 신사정장, 여성정장 등으로 주로 제직기에 의해 사용, 생산되는 실을 말하며 직기에 의해 짜이는 실이라는 뜻으로 편사보다 꼬임이 많은 편이다. 또 일반적으로 봄, 여름용(S/S) 실은 F/W용보다 꼬임이 많은 것이 특징이며, 대체로 원단 바닥이 매끈하므로 모우가 적고 균제도가 좋아야 한다. 많이 사용되는 직사 번수별 꼬임수 사용원료는 다음과 같다.

편사의 종류

구분	번수	사용게이지 (G/G)	사용원료('S)	용도
스웨터용 편사	2/20~2/24	3~7	56~64	Casual, Out wear용
	2/26~2/36	3~7	56~64	Casual, Out wear용
	2/48~2/60	10~14	64~70	Golf, 가디건
	2/60 이상	14 이상	66 이상	숙녀용, 니트 정장 등
환편용	1/36	18~22, 24	64~66	T-shirts, Jacket, 숙녀용 정장, 오버코트
	1/40			
	2/52(1/48~2/60)			
	2/60			
	2/20~2/36	특수 양두		

직사의 종류

번수(Nm)	꼬임(T/M)	사용원료('S)	비고
1/30	1000	64~66	하복지
1/30	750~950	64~66	동복지
2/30~2/36	490/400~640/580	54	동복지
2/48~2/52	620/630~640/580	64~66	동복지
2/60	690/630	64~70	하복, 동복지
2/72	760/680	70	하복지
2/72 이상		70 이상	하복지

※ 하복지용으로 1/30'S의 Z 1000 T/M을 주는 경우이다.

07

장식사(Fancy Yarn)에 대하여

07 장식사(Fancy Yarn)에 대하여

7-1 의장연사(장식사 Fancy Yarn)란

면방적(Cotton Spinning System), 소모방적(Worsted System) 또는 방모방적(Woolen Spinning System) 등에서 생산한 직물용 또는 편사용 원사로 생산한 실을 용도에 따라 한 가닥 또는 2가닥 이상으로 합연사(Doubling & Twisting)를 하여 사용하는 것으로, 비교적 표면이 미끈한 민자 실(Straight Yarn)이다. 거기에 비해 미끈한 실이 아닌 실 외관이 '링(Ring)' '헤어(Hair)' '매듭(Knot)' '슬라브'(Slub, 가늘고 굵은 부분이 연결되어 있는) 효과를 내는 특수 연사기(Fancy Twister) 또는 특수한 실을 이용해서 실의 굵기, 색상, 연수(撚數), 꼬임의 방향 및 강약 등을 이용하여 연속적 혹은 간헐적으로 효과(Effect)를 낸 실을 장식사(Fancy Yarn) 또는 의장연사(意匠撚絲)라고 한다.

실이 만들어진 효과(Effect), 형태에 따라 다음과 같이 나눌 수 있다.

① 링 얀(Ring Yarn), 루프사(Loop Yarn), 부클사(Boucle Yarn) 또는 부클레 등으로 부름

② 노트 얀(Knot Yarn)

③ 슬라브 얀(Slub Yarn)

④ 탐탐사(Tam Tam Yarn)

⑤ 뿔사(Horn Yarn, Snarl Yarn)

⑥ 기타 및 위 실들을 복합하여 두 가지 이상의 효과를 한 가닥 실에 낸 복합장식사 등이 있다.

위와 같이 장식사를 생산하려면 일반적으로 다음과 같은 3종류 의 실을 필요로 하게 된다.

① 효과사(效果[Effect] Yarn) 또는 부사(浮絲)

실 표면에 링(Ring) 헤어(Hair) 등의 효과를 내는 실

② 심사(芯絲, Ground Yarn)

효과사의 심(芯)이 되는 실로, 실 안쪽으로 중심을 잡아주는 실

③ 압사(壓絲, Bind Yarn)

효과사와 심사만으로 만들어진 실은 효과사가 밀려서 없어지므 로 효과사가 밀리지 않도록 붙들어 매어주는 역할을 하는 실

대부분의 장식사는 반드시 이 3가닥의 실로 구성되어 있으며 실

을 풀어보면 표면에 장식을 이룬 실이 효과사(Effect Yarn)이고, 바깥에 제일 먼저 풀려 나온 실이 압사(Bind Yarn) 안에 숨어 있는 마지막 실이 심사(Ground Yarn)이다.

이들 의장연사를 종류별로 보면 다음과 같다(사진 참조).

7-2 링 얀(Ring Yarn) 또는 부클사(Boucle Yarn)

Ring 효과를 내기 위해 효과사(Effect Yarn)를 일반 방적사(민자, Straight Yarn)로 사용하느냐, 방적 공정 중의 슬라이브(Sliver) 또는 로빙(Roving) 등을 사용하느냐에 따라 두 종류로 구분한다.

• 얀 투 얀(Yarn to Yarn): 일반 민자 실(Straight Yarn)을 효과사 (Effect Yarn)로 사용하여 링 얀(Ring Yarn)을 만들 경우 통칭 '얀 투 얀'이라고 하며 이 경우 링의 형태가 흐트러지지 않고 또록또록한 모양으로 살아 있는 것이 특징이며, 링 효과를 내기 위해 일반적으로 방적사 단사를 많이 사용한다. 100% Acrylic 1/52'S(면번수 30/1'S)를 쓰기도 하고 A/W Yarn, Wool Yarn, Filament류를 쓸 수도 있으며, 링의 크기(Size)에 따라 좁쌀처럼 링이 작은 경우 Seed Yarn(통상 18~20'S)이라고도 하고 직물용 오버코트 등에 사용하는 링이 굵고 큰 경우

1'S~3'S등 링 사는 아스트라칸(Astrakhan)이라고 부르기도
한다.

- 로빙 투 얀(Roving to Yarn): 편직 Swatch를 짰을 때 조직 표면
에 얀 투 얀의 부클 얀에 비해 링이 부드럽고 잔털이 많으면서
불규칙한 링 형태(링이 뭉개진 형태)의 조직을 원할 때는 방적
공정의 중간 반제품인 로빙(Roving) 또는 슬라이버(Sliver)를
효과사(Effect Yarn)로 하여 링 얀(부클 얀)을 만들었을 경우
통칭 '로빙 투 얀'이라고 한다. 편직 또는 제직을 했을 시 조직
표면에 잔털 또는 부드러운 헤어(Hair)가 보송보송 솟아 있는
것이 특징이다.

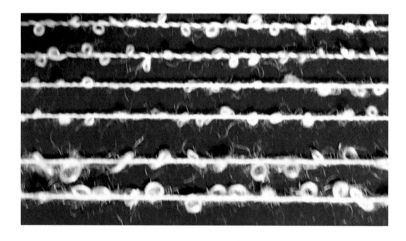

- 링(RING)사-1: 링의 사이즈가 3-5mm, 링 갯수가 10cm 안에
10-15개 정도. 비교적 굵고 두꺼운 Boucle yarn으로 sweater

일 경우 1/1 - 1/3'S 이상의 굵은 번수이며 스웨터 게이지로는 3 G/G 이상, 직물일 경우 위사용으로 사용하여 겨울용 오버 코트지의 Astrakhan 조직으로 사용되는 링사이다.

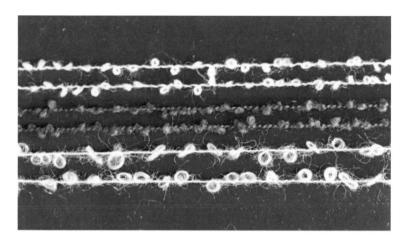

- 링(RING)사-2: Boucle 사로 가장 많이 사용되는 링의 크기와 밀도로 번수로 1/3 - 1/8'S 정도되며 스웨터 3 G/G- 7G/G 에 적합한 부클들이다.

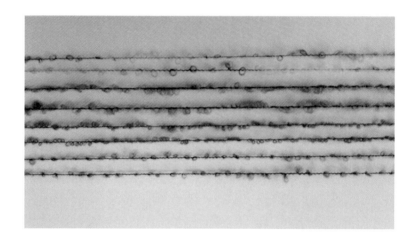

- 링(RING)사-3: 번수 1/7-1/14'S의 부클사로 스웨터 7G/G - 12 G/G용으로 소재가 WOOL인 경우 타치도 부드러우며 스웨터 조직상에 잔잔한 링이 표면에 돌출되어 볼륨감 있고 쿠션이 있는 부클사이다.

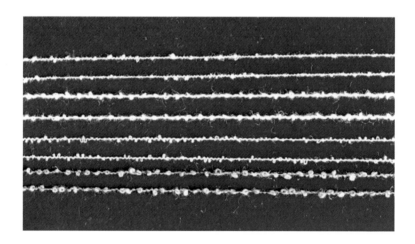

- Ring(링)사-4: 번수 1/10 - 1/20'S 사이의 부클사로 링이 되는 소재로 면(COTTON)일 경우 면사 30/1'S, 아크릴 경우 1/52'S, WOOL일 경우 1/36 - 1/48'S의의 방적사를 소재로 하여 링을 만들며 링의 크기가 작으므로 SEED YARN(씨앗처럼 링이 작다는 뜻)이라고도 하며 스웨터일 경우 12 게이지 이상, 얇은 스웨터 또는 환편용 원단에 많이 사용하는 부클사이다.

7-3 노트 얀(Knot Yarn)

효과사를 일반 민자 실 또는 Filament류를 사용하여 실 표면에 촘촘하게 뭉쳐서 작은 벌레 같은 덩어리 모양(쌀알 같은 모양)의 불규칙한 간격으로 만든 실을 노트 얀이라고 한다. Effect Yarn을 2종류 이상의 사종을 사용해서 후염 염색으로 컬러를 2종 이상으로 낼 수도 있으며, 만들 때 선염 염색사를 사용하여 이색 및 Multi Knot Yarn을 만들 수도 있다.

- **Knot Yarn**: Knot의 크기 또는 knot의 소재에 따라 종류가 다양
  하다. 단독으로 사용하기보다 스웨터 바닥이나 원단 바닥에
  효과를 내기 위해 다른 사와 같이 사용하거나 직물일 경우 위
  사로 사용한다.

7-4 넵 얀(Nep Yarn)

노트 얀은 효과사를 기계적으로 조밀하고 단단하게 밀착시켜 작
은 덩어리(傀)를 만든 경우이나 넵 얀은 섬유 솜을 단단하게 뭉쳐
서 덩어리를 만들어 실 속에 묻혀 있도록 한 방식으로, 주로 방모
방적에서 만들어지는 얀이다. 방적 공정 중에 사전에 만들어진
Nep(선염된 2~3~5가지 컬러)을 방적공정 중 원료와 같이 섞어서

투입되면 완제품 실 속에 이들 Nep 덩어리들이 실 표면에 엉겨 붙어서 실에 표현되는 방법으로, 방모사에서 많이 활용하는 방법이다.

7-5 슬라브 얀(Slub Yarn)

일반적으로 방적사는 굵기가 균일할수록 좋은 실이라고 할 수 있으나, 반대로 굵기를 불균일하게 만들어 직물이나 편물조직을 짰을 때 조직 표면에 실의 가늘고 굵은 부분이 불규칙하게 표면에 나타나 특이한 표면 감각을 연출한 실을 '슬라브 얀'이라고 한다. 슬라브 얀은 얀 투 얀으로는 안 되고 방적 공장에서 특별히 실을 만드는 방적공정 중에 굵기를 불균일하게 만드는 기계장치 또는 전기장치에 의해 만들어진다. 번수가 가느다란 세 번수(Fine Count)로, 면 번수 10/1S~30/1'S 등은 면방적공장에서 생산되고 있으며 특별히 굵은 슬라브사는 슬라브 만드는 기계설비가 장착되어 있는 Fancy Twister(일본제 Ozaki Twister, 독일제 Saura-Alma) 등에서 0.8'S~ 1/10'S(메인 2~5'S) 등 태사 슬라브가 가능하다.

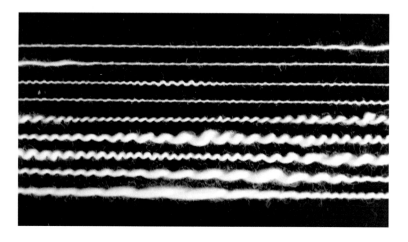

- **Slub Yarn**: 슬라브의 두께(굵기), 길이 소재에 따라 Cotton, Wool, Acrylic 등 여러 종류가 있으나 슬라브 부분은 꼬임이 적고 섬유 상태로만 나열되어 있어 보풀이 생기기 쉬우므로

설계 시 감안하여 디자인해야 한다.

7-6 탐탐사(Tam Tam Yarn)

실에 가늘고 긴 털을 인위적으로 내어서 조직 표면에 긴 Hair 또
는 잔털을 양털 모양으로 보송보송하게 나게 한 실을 Tam Tam
Yarn이라고 하며, 탐탐사라고도 하나 어원은 미지수이다.

만드는 방법은 털을 길게 낼 것이냐 짧고 조밀하게 낼 것이냐에
따라 사용하는 방적원료가 다르나 로빙 투 얀 방식으로 링사를 만
든 후 이 링을 기계적인 방식의 Wire Brush로 링을 터트려서 기모
(Raising)를 일으켜 실에 긴 헤어 효과를 낸 실이다.

여러 종류의 탐탐사가 있으나 유통되고 있는 Tam Tam Yarn 종
류는 다음과 같다.

- Kid-Mohair Tam 1/13'S−Kid Mohair 70%, Nylon 30%: 비교
  적 Hair가 길며 광택이 있음
- Kid-Mohair Tam 1/9'S−Kid Mohair 70%, Ny 30%
- Kid-Mohair Tam 1/9'S−Kid Mohair 50%, Acrylic 50%
- Wool Acrylic Tam 1/14'S−Wool 50%, Acrylic 24%, Ny 26%:
  비교적 Hair가 짧고 많음
- Alpaca Tam 1/14'S−Alpaca 37%, Wool 37%, Ny 26%: 긴

Alpaca Hair 사용으로 가벼움

- 100% Acrylic Tam 1/5.5'S – 100% 아크릴 Hair
- A/W Tam 1/5.5'S – Wool 50%, Acrylic 50%: A/W 혼방 Hair
  에 심압사(芯壓絲)를 방적사 사용

- **Tam Tam Yarn**: Hair의 길이 또는 소재에 따라 Mohair, Wool,
  Acrylic 등 여러 종류의 Tam이 있으며 Hair를 잡아주는 실이
  Poly ester, Nylon, Acrylic이냐에 따라 굵기와 번수가 다양한
  Tam Tam Yarn(또는 Dam Dam Yarn)이 있다.

7-7 뿔사(Horn Yarn, Snarl Yarn)

실 표면 밖으로 돌출된 부분의 Effect사를 꼬임을 많이 주어 뿔 모양 또는 스날 현상이 되도록 만든 실이다.

7-8 기타 사

위의 각 Yarn을 복합한 Fancy Yarn으로 한 실에 두 가지 이상의 효과를 낸 슬라브와 부클 효과를 내기도 하고, 슬라브 사를 이용하여 굵은 부분을 기계적으로 잡아당겨서(Over feed) 팝콘(Pop Corn)처럼 옥수수 알을 밥상기계에서 터트려 팝콘의 효과를 낸 실을 컬사(Curl Yarn) 또는 Popcorn사라고도 한다. 또 Ring과 Knot 등을 한 실에 동시에 있게 만든 실 등을 응용하면 여러 종류의 장식사를 만들 수 있다.

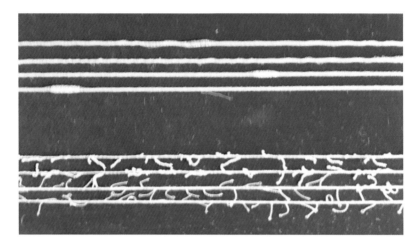

- 위 ➡ Tube Knot yarn
- 아래 ➡ 뿔사(Horn Yarn)

- 위 ➡ Tape Yarn
- 아래 ➡ Chenellie Yarn: 부드럽고 고운 잔털이 조밀하게 나와 있어 부드러운 원단 조직이 된다.

특수 장식사의 종류

의류시장의 다양화로 일반적인 Fancy Yarn Twister 방식이 아닌 또 다른 기종에 의해 만들어지는 장식사들이 무궁무진하게 쏟아져 나온다. 단순하게 구두나 운동화 끈으로만 사용하던 끈 실도 Tube사, Tape사란 이름으로 여러 종류가 생산되고 있다. 실을 연사하면서 실의 양 표면에 날개 효과를 내는 Chenellie Yarn Feather Yarn(Wing Yarn), 편면(片面) 날개, 양면(兩面) 날개 등의 소재를 단순 Cotton이나 Wool 소재가 아닌 합성섬유, 특히 Polyester 섬유의 발달로 극세사란 이름으로, 세데니아의 Filament 150D×194FIL 등의 극세사의 등장으로 이를 이용한 터치가 부드러움을 이용한 날개사 모양의 Tactel사란 이름으로 1/12~1/13'S 등의 실을 이용한 수면양말사용 실들이 중국에서 엄청나게 수입해 들어오기도 하나 우리나라 포천, 광주 등지의 날개사 만드는 공장에서도 Tactel사 생산의 전성기를 누리고 있다. 이 외에도 사다리사, 칫솔사, 나비사, Poly Film으로 단추 같은 모양으로 링을 만들어 실에 끼운 Spangle Yarn, 합성섬유의 고유한 광택을 이용한 Sparkling한 Polyester Film 등을 가늘게 Cutting하여 실 형태로 만들어 투명 또는 반짝기 효과를 내는 Fancy Yarn들이 누가 지은 이름인지도 모르는 이름으로 시장에 유통되고 있으니 이름만 들어서는 무슨 실이 무슨 실인지 모를 정도로 종류도 많고 다양하다(사진 참조).

수많은 종류의 장식사들이 시장에 유통되고 있으나 이들 실들은 그야말로 장식사이기 때문에 의류 전체의 한 장의 옷을 이들 Fancy Yarn으로 만든 의류로 디자인되어 유통되기도 한다. 하지만 의류의 일부 장식사 또는 패턴사로 쓰는 경우가 많아 그 의류의 독특한 효과를 내거나 장식물로서 보조 역할을 하는 등으로 쓰이는 경우가 많기 때문에 얀 시장에서 대량으로 사용되는 경우보다는 일반적으로 경기가 부진할 경우에 오히려 사용 빈도가 높은 편이다.

일반적으로 경기가 좋을 때는 Fashion Style이 심플하고 컬러도 유행 컬러에 맞추어 솔리드한 컬러로 등, 소매, 앞판 등이 모두 한 가지 컬러로 만들어지는 경향이나, 경기가 안 좋을수록 컬러가 복잡한 편이며, 단순 스트라이프 문양(줄 문양)도 경기가 나빠질수록 폭이 좁아지면서 컬러의 종류도 다양해지는 경향이다. Fancy Yarn도 마찬가지로 경기가 안 좋을수록 단순 Fancy Yarn에서 복잡한 쪽으로, 컬러도 화려한 쪽으로, 또 Poly Film을 이용한 Metal Yarn으로 금사, 은사와 같은 Lurex 사종들이 의류마다 안 들어가는 데가 없을 정도로 다양해진다. 한마디로 Fancy Yarn의 쓰임새가 많아지면 많아질수록 경기가 안 좋음을 역설적으로 설명하는 셈이 된다.

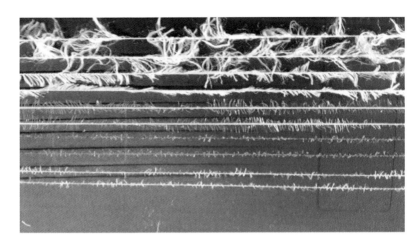

- 날개사(Feather Yarn 또는 Wing Yarn, Chantal yarn ,Tactel Yarn) 라고 하나 어원이 불명확한 채로 시중에 유통되고 있다. 소재가 RAYON 또는 POLY라 메인사의 보조사로 헤어 효과 광택있는 SPARK 원료를 사용하여 반짝이 효과를 내기도 한다.

- 제일 위는 사다리사, 두 번째는 나비사, 세 번째는 치솔사, 네 번째는 치솔사의 변형이다.

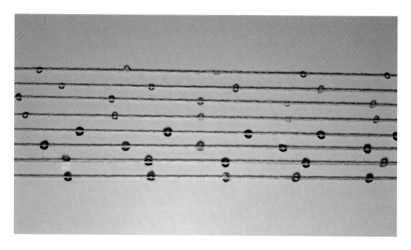

- **Spangle Yarn**: Spangle의 Size에 따라 여러 종류가 있으며 스팡
  글의 컬러에 따라서 Gold, Silver 또는 기타 컬러도 있다.

BOUCLE YARN
(SEED BOUCLE)

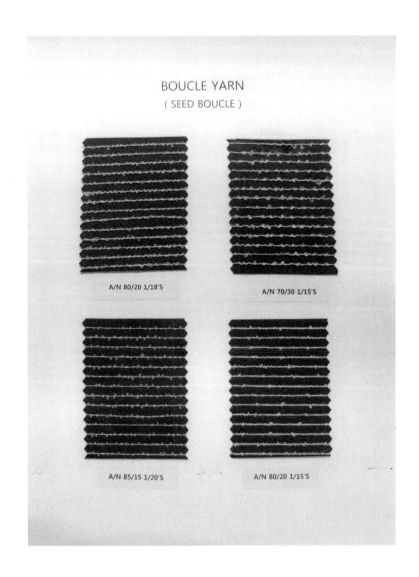

A/N 80/20 1/18'S

A/N 70/30 1/15'S

A/N 85/15 1/20'S

A/N 80/20 1/15'S

BOUCLE YARN
(YARN TO YARN)

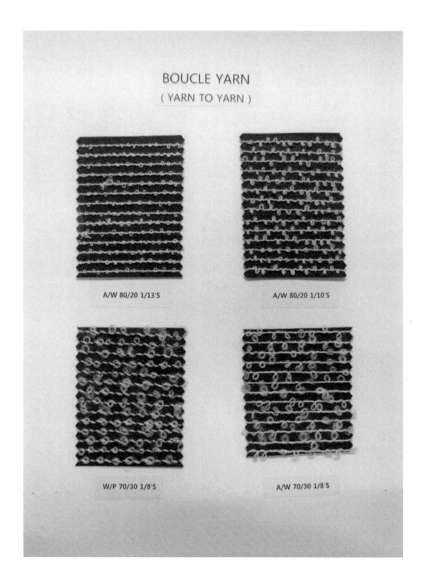

A/W 80/20 1/13'S   A/W 80/20 1/10'S

W/P 70/30 1/8'S   A/W 70/30 1/8'S

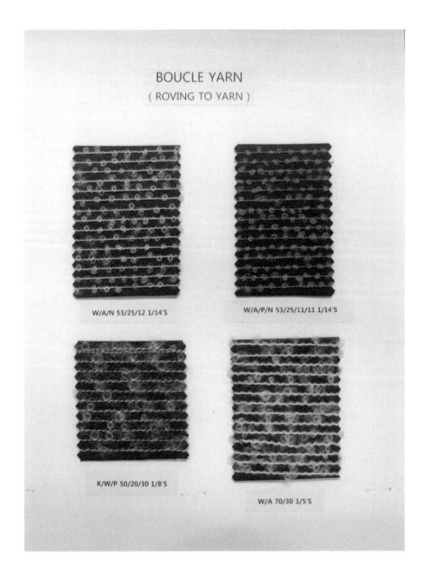

BOUCLE YARN
(ROVING TO YARN)

W/A/N 53/25/12 1/14'S

W/A/P/N 53/25/11/11 1/14'S

K/W/P 50/20/30 1/8'S

W/A 70/30 1/5'S

BOUCLE YARN
(ASTRACAN)

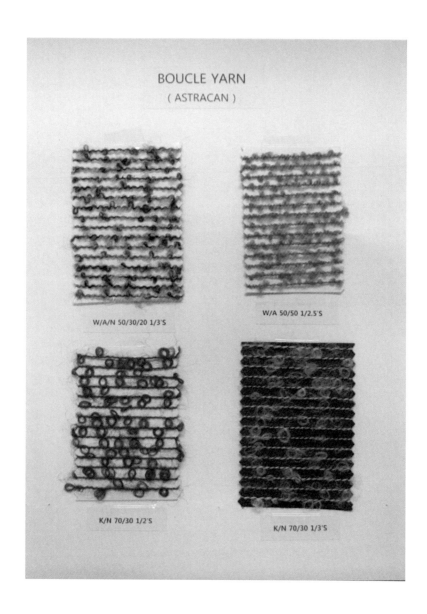

W/A/N 50/30/20 1/3'S

W/A 50/50 1/2.5'S

K/N 70/30 1/2'S

K/N 70/30 1/3'S

SLUB YARN

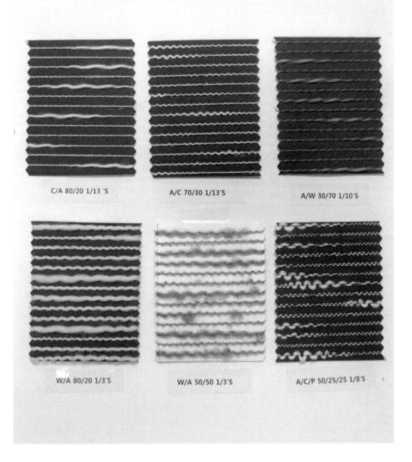

C/A 80/20 1/13 'S

A/C 70/30 1/13'S

A/W 30/70 1/10'S

W/A 80/20 1/3'S

W/A 50/50 1/3'S

A/C/P 50/25/25 1/8'S

KNOT YARN

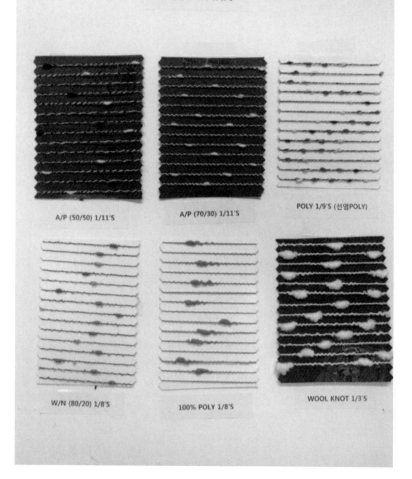

A/P (50/50) 1/11'S

A/P (70/30) 1/11'S

POLY 1/9'S (선염POLY)

W/N (80/20) 1/8'S

100% POLY 1/8'S

WOOL KNOT 1/3'S

TAM TAM YARN

CORE KID 1/7.5'S
(WOOL50 A20 P30)

GOLD KID 1/9'S
(K30 W20 A20 M30)

CORE KID 1/9'S
(K50/A20 P30)

CAMELTON KID 1/9'S
(K/W/A/P 40/20/15/15)

GOLD KID 1/9'S
(K30 W20 A20 M30)

SAMOA 1/14'S
(AL/W/N/P 37/37/13/13)

FEATHER YARN
(WING)

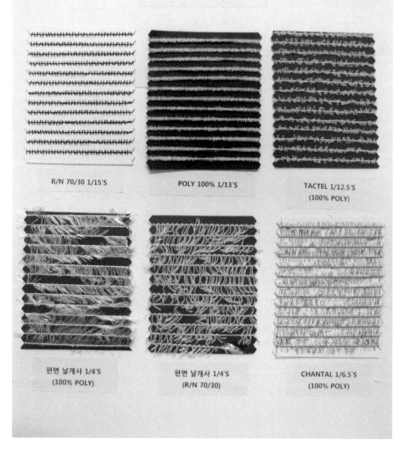

R/N 70/30 1/15'S

POLY 100% 1/13'S

TACTEL 1/12.5'S
(100% POLY)

편면 날개사 1/4'S
(100% POLY)

편면 날개사 1/4'S
(R/N 70/30)

CHANTAL 1/6.5'S
(100% POLY)

기타 장식사들

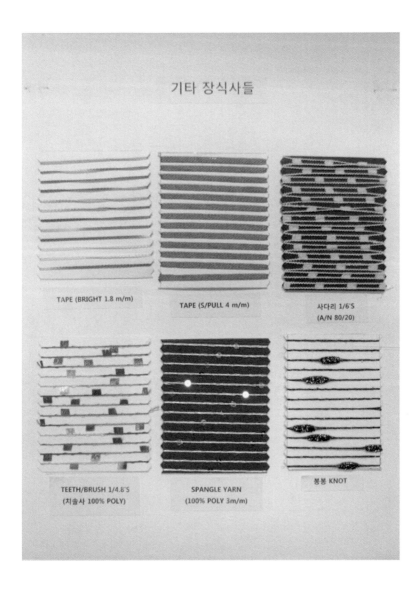

TAPE (BRIGHT 1.8 m/m)

TAPE (S/PULL 4 m/m)

사다리 1/6'S
(A/N 80/20)

TEETH/BRUSH 1/4.8'S
(치솔사 100% POLY)

SPANGLE YARN
(100% POLY 3m/m)

봉봉 KNOT

기타 FANCY YARN

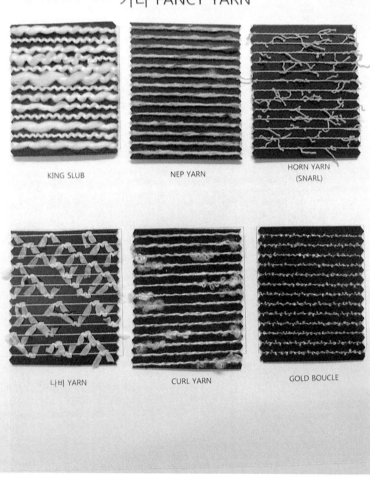

KING SLUB

NEP YARN

HORN YARN
(SNARL)

나비 YARN

CURL YARN

GOLD BOUCLE

08

스판덱스(Spandex)에
대하여

스판덱스(Spandex)에 대하여

* 본 장은 (주)효성, (주)태광산업의 홈페이지 및 회사의
  판촉카탈로그 등에서 발췌, 정리하였습니다.

8-1 스판덱스사에 대하여

1) 서론

1958년 미국의 듀폰(Dupont)사에서 Lycra란 상표명으로 개발됐으며, Poly Urethane 결합을 갖는 분자 사슬이 섬유를 구성하는 화학구조의 85% 이상을 점유하는 탄성섬유로 유럽에서는 엘라스탄(Elastane)이라고 부른다.

우리나라에서는 태광산업(Acelan), 동국합섬(Texlon), 제일합섬, 효성나이론(Creora) 등에서 여러 상품명을 갖고 생산하고 있다.

2) 물리적 특성

① 현미경에 의한 외관은 비교적 균일함

② Filament, Staple 어느 쪽도 가능하나 주로 Filament로 생산

③ 색상은 백색에 가까운 색상, 광택은 Dull Bright 등이 있음

④ 강력은 다른 합성섬유에 비해 낮음

⑤ 탄성은 우수함

⑥ 탄성 회복력이 매우 우수함

⑦ 흡습성이 매우 낮음. 1%(21℃ 65%) 물에 영향을 받지 않음

⑧ 내열성 120℃에서 손상을 받고 149℃에서 황변하며, 다림질
   온도는 120도를 초과하면 안 됨

⑨ 가연성이 높아 쉽게 연소함

⑩ 도전성이 낮으며 비중은 1.21~1.35

일반 천연고무와 물리적 성질을 비교하면 다음과 같다.

항목		폴리우레탄섬유	천연고무
데니어		460	490
밀도		1.15	1.10
수분(%)		0.8	0.6
강도		0.94	0.26
신도		580	530
탄성 회복률(%)	50% 신장	100	100
	200% 신장	95	99
	400% 신장	90	98

3) 화학적 성질

① 산에 24시간 노출되지 않는 이상 산에 강한 편임

② 대부분의 알칼리에는 강한 편이며, 뜨거운 알칼리 용액에 손상을 받음

③ Dry 용제에 강함

④ 표백제 Sodium Hypochlorite(CINaO 염소표백)에 의해 분해될 수 있음

⑤ 충(蟲)에 대해 저항성이 강함

⑥ 일광, 대기에 대해 저항성이 있음

⑦ 대부분의 염료에 염색이 되며, 특히 산성염료와 분산염료에 염색이 잘됨

우리나라는 세계적인 스판덱스 생산국으로, 특히 효성의 Creora
는 유럽에서 알아주는 브랜드다.

국내외 스판덱스 생산 능력 및 회사별 케파를 보면 다음과 같다.

국내외 스판덱스 생산 능력 및 회사별 케파

한국	미국	중국	일본	대만	기타
29.3%	16%	15%	12.5%	7.3%	19.8%

주요 업체별 생산능력

듀폰	효성	태광산업	동국무역	기 타
34.6%	11%	9%	8.4%	37%

국내 생산업체별 생산능력

효성	태광산업	동국무역	새한	코오롱
32.3%	30.7%	28.6%	5.7%	2.8%

국내외 주요 스판덱스 제조회사

국가	제조회사	상품명	방사방식
미국	Dupont	Lycra	건식
	Globe Manufacturing	Cleer Span	화학
	Toray Dupont	Lycra(Opelon)	건식
	Toyobo	Espa Espam	건식용융

국가	제조회사	상품명	방사방식
일본	Asahi Kasei	Roica	건식
	Nishinbo	Movilon	용융
	Fujibo	Ujibo Spandes	습식
	Kanebo	Looobell	용융
한국	효성	Creora	건식
	태광산업	Acelan	건식
	동국무역	Texlon	습식건식
	코오롱	코오롱	
영국	Dupont(UK)	Lycra	건식
캐나다	Dupont Canada	Lycra	거식
네덜란드	Dupont Netherland	Lycra	건식
독일	Bayer	Dor Lastan	건식
멕시코	Nylon de Mexico	Lycra	건식
브라질	Dupont	Lycra	건식

Urethane 섬유는 주로 Filament 상태로 사용하기도 하나(Bare 상태라 칭함) Polyester Nylon 등과 같이 연사를 하여(Covering Yarn 혹은 Covered Yarn) 사용하는 경우가 더 많으며, Core Yarn 또는 방적 시 정방공정에서 방적사와 사이로 스판 시스템으로 생산하여 신축성이 있는 방적사로 생산하기도 한다.

용도별 탄성섬유의 보기를 보면 다음과 같다(우리나라 대표 회사 Brand인 효성의 Creora와 태광산업의 Acelan의 스판덱스를 인터넷을 통해 알아본다).

8-2 효성의 Creora Spandex

우수한 파워와 Drape성 그리고 균일함을 지닌 Spandex는 다음과 같은 원사 가공 공정을 위한 최적의 스판덱스 원사이다.

Bare Creora는 주로 다음의 용도로 사용된다.

- 환편: 란제리, 스포츠웨어, 셔츠 등
- 경편: 란제리, 스포츠웨어, 수영복 등
- **Covered Creora**: 다양한 상대 원사로 Spandex를 커버링한 원사이다.

1) Single Covered Yarn

Conventional Creora Single Covered Yarn은 여러 가지 상대원
사로 Spandex 원사를 커버링한 것이다.

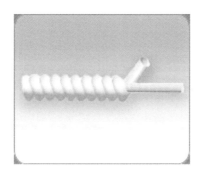

• 주요 용도
  − 타이즈
  − 세폭직물
  − 직물
  − 환편물
  − 횡편물

2) Double Covered Yarn

Conventional Creora Double Covered Yarn은 두 가닥의 상대 원사를 사용하여 Spandex 원사를 커버링한 원사이다.

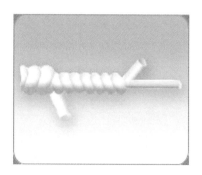

- 주요 용도
  - 타이즈
  - 세폭직물
  - 직물
  - 환편물
  - 횡편물

3) Core Spun Yarn

Spandex Core Spun Yarn은 Spandex 원사를 심사로 하여, 그 주위를 면, 울, 폴리에스테르, 나일론, 실크, 린넨 등 여러 가지 종류의 상대원사를 이용하여 커버링한 원사이다. 이러한 공정을 거쳐 완성된 원사는 촉감이 살아 있음과 동시에 우수한 신축성을 갖는 것이 특징이다. 일반적으로 Spandex Core Spun Yarn은 일반 의류용 직물, 편물 등에 사용된다.

4) Air Covering Yarn

Spandex Air Covering Yarn은 Air jet를 이용해 Filament사로 Spandex 원사를 커버링한 원사로, Spandex 원사와 상대원사가 Air에 의해 불규칙적으로 꼬이면서 형성되는 것이 특징이다.

- 주요 용도
  - 환편물
  - 횡편물
  - 직물

5) Twisted Yarn

컨벤셔널 및 에어 커버링 Spandex 원사를 상대사와 합연한 것을 말한다.

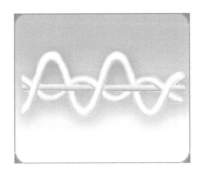

• 주요 용도
　－환편물
　－횡편물
　－직물

8-3 태광의 Acelan Spandex

1) 'Acelan' 스판덱스의 개요

　스판덱스는 탄성섬유를 의미하는 일반용어로 쓰이고 있으며, 섬
유형성 물질 중에 최소한 85% 이상의 폴리우레탄(Poly Urethane)
결합을 함유하여 고신축성을 가진 합성섬유를 말한다.

'Acelan' 스판덱스는 1979년 2월 일산 1톤 규모로 시작하였으며, 현재 고객의 용도에 따라 15데니어에서 1,120데니어에 이르는 다양한 품종을 건식방사에 의한 우수한 품질로 공급하고 있다.

'Acelan'은 태광산업 그룹에서 생산되고 있는 스판덱스, 아크릴, 폴리에스테르, 나일론 등의 제반 합성섬유와 소모방적 및 면방적 등의 다양한 방적사의 상표명이다.

특히 신공법 개발 등 기술개발에 중점을 두어 'Acelan' 스판덱스의 특수성을 부가하는 등 제품의 용도에 적합한 스판덱스 생산 및 개발에 주력하고 있으며, 또한 품질 및 제품 생산성 향상을 위해 설비보강을 진행 중이다.

2) 'Acelan' 스판덱스의 특징

'Acelan' 스판덱스는 세계적으로 주류를 이루고 있는 폴리에테르계이며, 타사의 제품과 비교해볼 때, 특히 탄성회복력이 탁월하여 (Power의 우수성) 원단의 탄력성과 제품착용감이 우수하다.

'Acelan' 스판덱스는 타사 제품에 비해 황변방지에 뛰어난 효과가 있다.

3) ‘Acelan’ 스판덱스의 종류 및 용도

용도	데니어		생산제품
경편 (Warp -Knitting)	30D, 40D, 70D	트리코트	투웨이: 수영복, 에어로빅, 사이클복 등 골지, 벨벳: 고리바지, 기타 내외의류 등
	20D, 70D, 140D, 210D, 280D, 420D, 560D, 840D, 1120D	랏셀	여성용 파운데이션 등
		TAPE 및 BAND	브라밴드, 팬티밴드 등
환편 (Circular- Knitting)	15D, 20D, 30D, 40D, 70D, 140D	저어지류	싱글저어지: 봄/여름용 내외의류 더블저어지: 겨울용 내외의류
커버링 (Covering)	15D, 20D, 30D	스타킹용	서포트스타킹 고탄력스타킹(100% 커버링사 사용)
	20D, 30D, 40D, 70D	양말용	타이즈, 양말
		직물용	One Way 직물(위사 사용) Two Way 직물(위사 및 경사 사용)
		환편용	싱글저어지, 더블저어지

※ 용도에 따라, 항염소성 제품(주로 수영복용 40D)이나 Soft-Power 제품(주로 여성용 Foundation 용도의 180D, 260D, 360D)을 생산하여 공급하기도 한다.

※ ‘Acelan’ 스판덱스는 용도에 따라 전 데니어에 걸쳐 Semi-Dull 및 Bright(Clear)를 생산 공급하고 있으며, 1999년 현재 세계적으로 Bright의 사용이 증가하고 있는 추세이다.

4) 'Acelan' 스판덱스의 용도별 사용 설명

(1) 커버링

커버링은 'Acelan' 스판덱스를 심사로 하여 나일론, 폴리에스테르, 면 등으로 용도에 따라 1회 이상을 감아서 피복하는 공정을 말한다.

주로 스타킹, 직물, 환편 및 밴드용 등에 사용되며, 스판덱스가 피복사에 싸여 있어 편직 시 특별한 장력 조절장치가 필요 없으며 편직 후 스판덱스의 탄력성을 유지할 수 있는 장점이 있다.

(2) 환편

환편은 위쪽 방향으로 루프를 형성하면서 진행하여 편성물을 만드는 것이다. 'Acelan' 스판덱스는 Bare 또는 Covered 상태로 사용할 수 있으며, Bare 상태로 사용할 때는 스판덱스 Feeder 장치가 별도로 설치된 기계에서만 편직이 가능하며, Covered 상태로 사용할 때는 별도의 스판덱스 Feeder 장치 없이도 사용 가능하다.

편직 Draft는 편직 기종, 편물의 종류 및 조직과 편직 할 주원사 등에 따라 다양하게 조정이 가능하다.

Bare 상태물의 'Acelan' 스판덱스 사용 시 편직 Draft에 영향을 줄 수 있는 모든 요인(Belt 상태, Needle & Yarn Guide 청소상태, 작업환경)을 충분히 점검한 후 작업을 하여야 하며 특히 면사와 편직 시 기계 주위에 먼지가 날리는 것을 방지하여야 한다. 또한, 작업 시작 전에 사전 Conditioning(작업현장 Aging) 후 작업을 하는 것이 좋다.

(3) 경편

직물과 같이 많은 수의 경사를 좌우의 경사로서 루프를 형성하여 경사 방향으로 편직 하는 것으로, 루프가 비스듬히 지그재그 형으로 진행된다.

특히, 정경(Beaming) 과정을 거친 후 편직기의 Bar를 통해 Beam 상태에서 편직이 이루어지며, 대부분의 경우 많은 본수의 경사가 동시에 급사되기 때문에 원사의 선택 및 사용에 주의하여야 한다.

특히 원사 선택 시에는 표면의 균일성, 집속성의 정도, 섬도의 균일성, 해사성의 정도, 사장의 균일성 및 적절한 강신도의 보유 여부를 충분히 점검해야 한다.

⊹ 스판덱스 정경 시 주의사항

- 작업조건: 습도 60~70%, 온도 20~25℃
- 'Acelan' 스판덱스는 작업 시작 전 상기 조건하에 사전 Conditioning 필요
- 대전 방지 Bar의 설치 필요

5) 'Acelan' 스판덱스의 가공조건

(1) Relaxation

반드시 거쳐야 할 공정의 첫 단계로, 직물의 탄성 상태를 적정 수준으로 유지시키고 제직 및 제편, 운반 과정 등에서 직물의 긴장된 상태를 풀어주는 것으로, 조건은 80~100℃ 온탕 또는 Steam으로 습열 처리하는 것이 좋으나, 대개 별도의 공정 없이 정련(Scouring) 과정에서 동시 병행 처리하고 있는 추세이다.

Relaxation은 주의 깊게 하여야만 하며 부적당하게 처리하면 형태변형이 일어나기 쉽다.

(2) Scouring(정련)

탄성섬유에는 Silicon계 Oil이 약 2~5% 이상 부착되어 있어서 완벽한 정련을 필요로 하며, 섬유 표면에 부착된 각종 Oil 및 불순물을 동시에 제거하는 공정으로 일반적으로 스판덱스 함량이 적은 제직물에 온도 80~90℃ 온탕에서 정련제를 사용하는 연속 및 비연속 Water Scouring 처리법과 스판덱스 함량이 15~20%나 되는 경편직물에 대해 최상의 효과를 내기 위해 사용되는 연속 Solvent Scouring 처리법으로 크게 나눌 수 있다.

(3) Bleaching(표백)

표백 공정은 일반적으로 표백제(Brightening Agent)를 사용하여 전처리(Pre-Treatment) 공정 시 패딩(Padding)법에 의해 연속 처리하는 방법과 Bath 내 90~95℃로 30~60분 처리하는 비연속처리법으로 구분된다.

(4) Dyeing(염색)

탄성섬유와 혼방원사에 따라 염색법이 다소 차이는 있지만 대개 Batch 및 연속 염색 시 온도는 130℃를 초과하는 것은 탄성을 잃기 쉬우므로 피해야 한다.

농색 염색 시(염착도 98% 이상)는 탄성섬유에 강한 오염이 발생되어 색상견뢰도에 영향을 미칠 수 있으므로 특히 주의하여야 하며 가능한 pH는 4.0~4.5 정도로 유지하는 것이 좋다.

일반적인 염색조건

구분	폴리에스테르	나일론	면	아세테이트
염료	분산염료	산성염료	산성염료	산성염료
염색온도	120~130℃	90~100℃	60~95℃	60~80℃
염색시간	40분	60~80분	40분	30분

(5) Heat-Setting(열 고정)

직물의 형태안정성 부여 및 폭, 중량 Setting을 목적으로 하는 Heat Setting 공정은 특히 스판덱스 혼방품에서는 가장 중요한 공정으로, 잔류시간을 오래하거나 높은 Setting 온도는 Relax된 스판덱스 직물에 Stress를 주거나 탄성을 파괴할 수 있으므로 적정온도 및 Contact Time이 요구된다.

일반적으로 Setting 온도는 180~190℃를 넘지 않아야 하며 Contact Time은 20~45초를 초과하지 않는 것이 좋다.

구분		폴리에스테르	나일론	면	아세테이트
1차	온도	180~190℃	170~190℃	100℃	130℃
	속도	11M/min	11M/min	11M/min	30M/min
2차	온도	190℃	170~190℃	100℃	130℃
	속도	11M/min	11M/min	11M/min	30M/min

(6) Finishing

스판덱스에 혼방되는 직물에 따라 다소 차이는 있으나 특별한 가공을 필요로 하지 않으며 대개 180~190℃의 온도에서 직물류의 촉감 등을 향상시키기 위해 유연제, 대전방지 및 내열성 수지 처리 등을 허용하기도 한다.

6) 'Acelan' 스판덱스의 사용상 주의사항

① 타사에 비해 황변에 탁월한 효과가 있으나 장시간 햇빛에 노출 시 황변현상이 발생할 수도 있다.

② 온·습도의 변화에 따라 스판덱스의 물성이 조금씩 변화할 수 있으므로 가혹한 조건에서의 보관 및 사용은 피하는 것이 좋다.

③ Type NO. 및 Lot NO.가 동일한 제품끼리 사용하여야 하며 같은 데니어일지라도 Type NO. 및 Lot NO.가 다른 제품을 사용하면 가공 시 문제가 발생할 수도 있다.

④ 사용 시 Bar-Code NO.를 기록하여 문제 발생 시에 대처할 수 있도록 하는 것이 좋고, 선입 선출 및 생산일자 순으로 사용해야 하며 생산일자가 1개월 이상 차이나는 제품은 같이 사용하는 일이 없도록 하여야 한다.

7) Covered Yarn의 종류와 규격

일반적으로 Bare 상태의 스판덱스는 20D, 30D, 40D, 70D가 주종이며 통칭 R-Span 20D, 30D 등으로 호칭한다. Bare 상태의 스판덱스와 Polyester 또는 Nylon Filament 등과 Covering Twister에서 연사한 제품의 종류는 다음과 같다.

(1) Nylon Filament와 커버링한 것(주로 R/W 상태로 판매)

규격(호칭) 이칠공 삼칠공 등으로 호칭한다.

270   R Span 20D와 Nylon Filament 70D와 연사한 것

370   〃   30D   〃

470   〃   40D   〃

770   〃   70D   〃

* 특별히 투명사라 하여 20D/Spark Nylon 30D는 특수 용도로 쓰고 있다.

(2) Poly Ester와 커버링한 것(주로 색사 상태로 판매)

275   R Span 20D와 Polyester Filament 75D와 연사한 것

370   〃   30D   〃

470   〃   40D   〃

(3) 커버링사의 번수 계산

270의 경우 R Span 20D+70D = 90D이나 커버링 연사기에서 Bare 상태의 R Span이 3.5배로 연신이 되므로

R Span Denier/3.5 = D 20/3.5 = 5.7D   실제 R Span은 5.7D임

R Span 30D와 Poly ester 70D와 커버링한 원사의 Total Denier는?

30/3.5 = 8.5D 8.5+70 = 78.5D가 됨

보기2 A/W 1/36'S와 370과 연사했을 때 Total 번수는?

① 370은 위의 계산에서 78.5D이므로 Nm 번수로는
   9000÷78.5 = 114.6'S이므로
   36×114.6/ 36+114.6 = 27.4'S
   이론적으로는 이렇게 되나 실제 Data을 얻어야 할 것임
② 보기 1에서 커버링할 때 3.5배로 연신 상태에서 78.5D가 되나 자
   연 상태로는 78.5D×3.5 = 274.75D가 되는 셈임

09

스페이스 다잉 (Space Dyeing)에 대하여

스페이스 다잉(Space Dyeing)에 대하여

9-1 스페이스 다잉(SPACE DYEING)이란

　횡편기(橫編機 FLAT KNITTING MACHINE) 편지물(編地物)이나 환편기(丸編物 CIRCULAR KNITTING MACHINE)로 짠 조직물 원단에 사용하는 실을 2가지 이상의 색상으로 일정한 간격(間隔 SPACE) 차(差)를 두고 규칙 또는 불규칙으로 염색하는 방법을 스페이스 다잉 염색이라 하며 이 실로 편직을 하였을 시 조직물 원단 바닥에 색상 종류와 색상 간의 간격차에 의해서 어떤 문양(紋樣)이 규칙 또는 불규칙적으로 컬러풀하게 나타나게 하는 염색 방법 중의 하나이다.

9-2 스페이스 다잉의 종류

(1) 타래(HANK) 염색과 치즈(CHEESE) 염색

국내에서 편사(編絲) 또는 직사(織絲)에 스페이스 다잉을 하는 방법으로 피염물이 타래 상태냐 치즈 상태냐에 따라 타래(HANK) 염색과 치즈(CHEESE) 염색의 두 가지 방법이 있으나 여기서는 주로 타래 염색을 다루고자 함

타래를 염색하는 행크 염색 방법도 타래 염색을 어떤 염색 기계 원리에 의해 염색하느냐에 따라 다음 두가지로 나눌 수 있다.

• 일반 침염식 염색법

염색기의 기계구조: 일반적으로 편사용 실의 타래 둘레는 160cm 전후로 이 실을 반으로 접으면 기장(LENGTH)이 70-80cm 내외가 되므로 이기장을 길이로 하여 염색기의 솥(BATH)의 기장을 90cm 로 하고 실 타래를 반으로 접은 10-20 타래의 실을 가지런히 겹쳐서 깔았을 때를 기계 폭으로 하여 가로 세로 90 × 60cm의 직육면체의 큰 염색솥(DYEING BATH)을 만들고 그 내부에는 칸막이로 5-10cm 간격으로 격자(格子 GRID)를 가로질려 칸을 만든 하나하나의 작은 염색솥을 만들어 이 작은 솥별로 염조제 주입구 및 승온 스티밍장치를 설치하여 각 솥마다 다른 색상으로 염색할 수 있도

록 작은 염색솥이 10개 정도로 되어있는 구조이다(도면 참조).

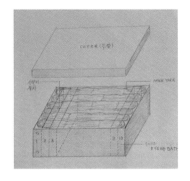
침염식 SPACE DYEING M/C의 구조

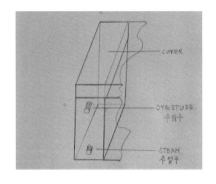
최대 10도까지 찍을 수 있는 솥(BATH)
한 개의 구조

큰 육면체의 내부에는 10개 정도의 개별 작은 염색솥이 있어 최대 10도까지는 할 수 있으나 실제는 10도까지 하는 경우는 잘 없고 대부분 5도 이내의 색상 수가 보통이다.

타래에서 각 색상의 크기 즉 사이즈의 결정은 이 기계 설계 시 각 칸막이와 칸막이의 사이의 거리로 결정되며 7-15cm로 너무 사이가 넓으면 기계 폭이 넓어지므로 기계 설계 시 제작자가 잘 결정해야 하며 한번 만들어지면 컬러별 사이즈는 고정이다.

그리고 작은 열 개의 솥 위로 가지런히 실타래를 깔고는 아래 솥 구조와 크기와 간격이 똑 같은 뚜껑으로 접합하여 밀폐시켜서 염색을 하게 되며 이때 아래위 뚜껑으로 밀폐된 각 칸막이 격자 사이로는 염료가 침투되지 못하여 염색을 하고 나면 실타래에 흰 띠(DEAD POINT)의 흔적이 남아 있어 이 설비의 결점일 수도 있다.

일반 침염식 염색법이므로 고압 고온을 요구하는 POLY ESTER 사 또는 POLY ESTER 혼방사의 염색은 불가하다.

• 염액 압출식 염색 방법

일반 침염식 방법과 달리 실타래를 아래 사진과 같이 가지런히 펼쳐놓는다 한 번에 투입 실이 통상 5-10타래로 사전에 설계한 색상과 그 색상의 사이즈(거리)와 컬러 수[도수(度數)]를 결정 후 정해진 색상에 대한 염액을 실에 강제적으로 콤프레셔의 공기압에 의해 침투시키는 방식으로 침투가 잘되도록 전처리를 하기도 하고 소재에 따라 알맞은 호료(糊料 풀)를 염액에 넣기도 하여 강제로 실에 침투시키는 방식으로 일단 염액을 머금은 상태의 실타래를 염료가 실에 잘 고착되도록 실타래를 스팀바스(Steam Bath)에 넣어 열에 의해 사종에 따라 시간은 다르지만 30-40분 고착시킨다. 그리고 실에 유연제 처리 등을 연속적으로 할 수 있도록 연속식 기계도 있으나 별도로 일반 행크다잉기계를 이용하여 후처리를 하기도 한다.

실에 강제적으로 염액을 침투시킬 때 유압 또는 공기압으로 염액탱크에서 호스로 실에 침투시키므로 염액의 유실이 많으며 회수하여 재사용이 불가능하여 원가 상승의 요인이 된다.

소재에 관계없이 염색이 가능하나 원료가 다른 2가지 이상 혼합사는 이론적으로는 가능하나 현장에서는 보편화되지 않고 있으나 일반적으로 100% POLY ESTER사 또는 폴리에스텔 혼방사는 잘하고 있다.

색상의 사이즈(간격)조정을 임의 대로 할 수 있는 것이 장점이며 통상 제일 작은 간격은 2-3cm 정도도 가능하며 도수(度數)도 이론상으로는 10도 이상도 가능하나 실제는 별로 의미가 없다. 지금 국내에서 주로 사용되는 염색 기종이다(아래 사진 참조; 안산염색단지에 위치한 (주)주일섬유 제공).

실 투입 전 상태

염색할 실을 기계 속에 가지런히 넣은 상태

염색기에서 SPACE DYED 염색되어 나온 상태

염색된 실들이 스팀 세팅을 위해 대기한 상태

몇 도를 찍을 것이냐에 따라 기계 옆 염료 탱크에 염액이 담겨 있다.

컬러를 고정시키 위해 진공세팅기에 들어 있는 광경

스페이스 다잉을 한 여러가지 샘플의 보기

• 침염식 스페이스 다잉의 샘플들

컬러 간격이 일정하고 간격과 간격 사이에 흰 띠(DEAD POINT)
를 보이고 있다.

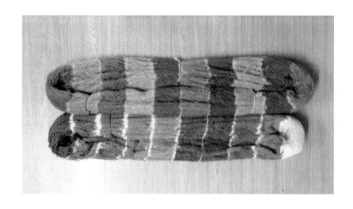

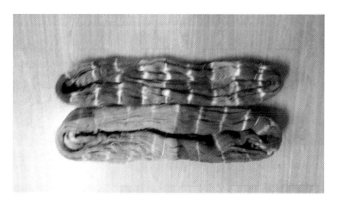

- 염액 압출식 스페이스다잉의 샘플들

컬러 간격을 임의 대로 조정이 가능하고 좁게는 2-3cm에서 그 이상 타래의 어느 위치 부위만 한다든가 사이즈를 좁게, 넓게 규칙 불규칙이 가능하다.

실을 알아야 좋은 옷을…

9-4 스페이스 다잉을 한 원사로 편직하기

　스페이스 다잉한 원사는 통상 염색 시 실타래 둘레 160cm 전후의 타래를 반(半)으로 접은 상태로 그 위에 지정한 컬러와 간격으로 염색하기 때문에 실타래 길이 160cm에 5도의 색상으로 찍었을 경우 실 한 타래 둘레 160cm에 5가지의 컬러가 순서대로 반복해서 나타나므로 실 길이 160cm 5도의 색상(반으로 접었기 때문에 같은 컬러가 타래 양쪽에 있어 타래를 펼치면 10개인 셈) ONE REPEAT(1회 반복 컬러 순)로 연속이 되므로 한 번에 처방한 염액과 조제가 완료될 때까지는 여러 번 찍어도 한 롯드로 스페이스 다잉한 실이라고 볼 수 있다(위 타래 사진 참조).

　• 아래 SWATCH 사진-1, 2, 3, 4는 한 콘의 한 가닥 실로 계속 편직을 한 경우 사진 -1 과 같은 문양이 나왔다가 2, 3, 4의 문양이 나오기도 하므로 동일 롯드 실이라고 할 수 없는 사고사가 되는 셈이다. 다시 말하면 스페이스 다잉한 실을 한 가닥으로 편직을 하면 문양이 뒤죽박죽 불규칙으로 나타나므로 절대 한 가닥으로 짜서는 안 된다.

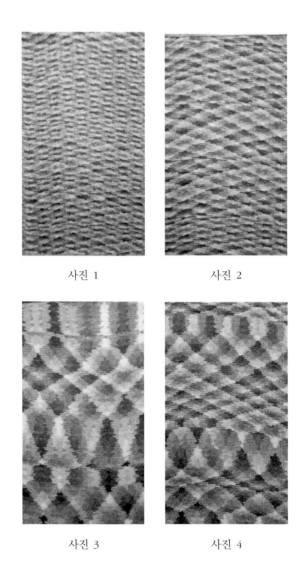

사진 1   사진 2

사진 3   사진 4

앞에서 설명한 대로 실을 타래 상태로 염색을 했기 때문에 한 타
래 둘레 즉 약 160cm 5도의 컬러가 반복되는 완 리피트이므로 이

완 리피트가 반복되면서 편직 조건 즉 편지(編地)의 폭, 편지게이지(GUAGE), 몇 가닥으로 짜느냐에 따라 편지 바닥에 표현되는 문양이 여러 가지로 나타남 다시 말하면 편직을 7게이지로 짰을 때 문양과 10게이지로 짰을 때 문양이 다르게 나타나고 편지 폭을 다르게 50cm 폭으로 1m 폭으로 짰을 때와도 문양이 서로 다르며 동일 기계에서 동일 게이지로 같은 조건으로 계속 편직을 할 경우도 어떤 문양이 계속되다가 어떤 부위에서는 완전 다른 문양으로 나타나기도 한다(위, 아래 사진 참조).

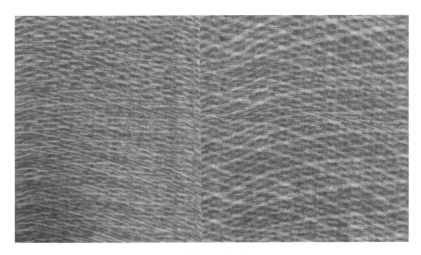

사진 1: 좌, 우

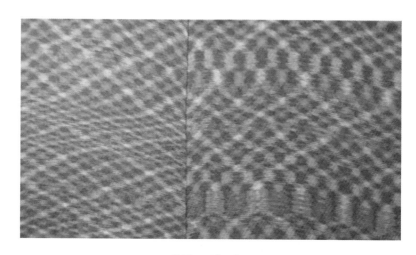

사진 2: 좌, 우

•위 사진 1, 2의 좌, 우 사진들은 동일 색상 동일 롯드의 실이지만 한 가닥(1 PLY)으로 계속 편직을 하였는데도 사진 1과 2 좌우가 각자 다른 실처럼 문양이 짜여진 것이다. 이처럼 스페이스 다잉한 실을 한 가닥으로 짤 경우 문양이 촘촘한 작은 조직으로 나타났다가 큰 문양으로 또 다이아몬드 문양으로 가위 문양으로 나타나기도 하여 동일 문양으로 디자인한 의류를 만드는 것이 어렵게 된다.

그러므로 반드시 스페스 다잉한 실은 **스페이스 다잉한 원사를 횡편기에서 편직 할 때는 반드시 콘 바꿔치기 또는 콘 교환편직(交換編織)방식으로 편직을 해야 한다.**

위에서 설명한 대로 동일 조건으로 편직을 할 시 시작부터 완료될 때까지 동일 문양으로 편직이 되어야 하는데 부위마다 문양이 다르면 즉 동일 사종인데 옷의 등판 문양이 다르고 앞판이나 소매가 서로 다르다면 일부러 그렇게 디자인을 한 것이 아니라면 큰 사고가 되므로 다음과 같이 편직을 해야 한다.

일반적으로 편직공장에서는 "뗑깡을 처라."라는 일본용어를 사용하고 있으며 '뗑깡'은 한자로 쓰면 전환(轉換)이란 일본식 발음으로 우리말로 용어로 풀이를 하면 "콘을 바꾸어 가면서 짜라."는 뜻이 되므로 편직 할 시 콘을 편직기 선반에 여러 개 놓고(통상 3개 이상) 처음 1번 콘으로 한 바퀴 짜고, 그다음 2번 콘으로 3번 콘으로 다시 1번 콘 순으로 번갈아 가면서 편직을 하면 지금까지 설명한 문양이 몰리거나 다이아몬드형이 나왔다가 가위표 모양이 나왔다 하는 현상을 방지할 수 있는 것이다. 또는 스페이스 다잉한 실을 게이지에 맞추어 3가닥 이상으로 합사(合絲)하여 짜거나 하면 역시 이런 현상을 막을 수 있다 즉 이런 방식으로 편직을 하면 문양이 시작에서부터 끝날 때까지 똑같은 문양으로 편직이 된다(보기: 사진 1, 2, 3).

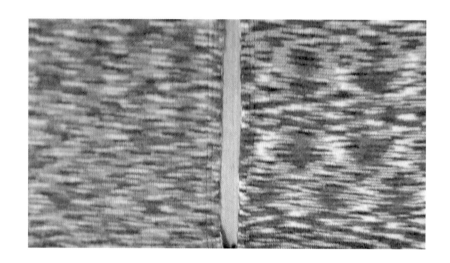

사진 1

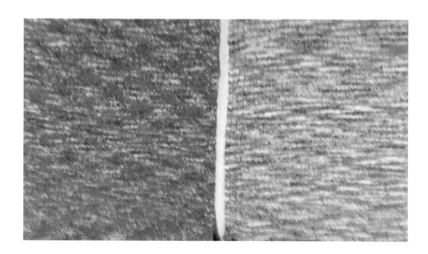

사진 2

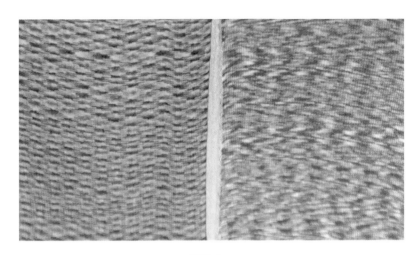

사진 3

아직도 생산 현장에는 우리말로 순화가 안 된 채 일본말 전문 용어를 그대로 많이 쓰고 있으며 나름대로 순우리말로는 '콘 바꾸어 짜기' 또는 '콘 바꿔치기'로 하거나 '콘 교환편직(交換編織)' 또는 너무 길므로 간단하게 '교편(交編) 짜기' 등으로 순화했으면 한다.

MULTI COLOUR

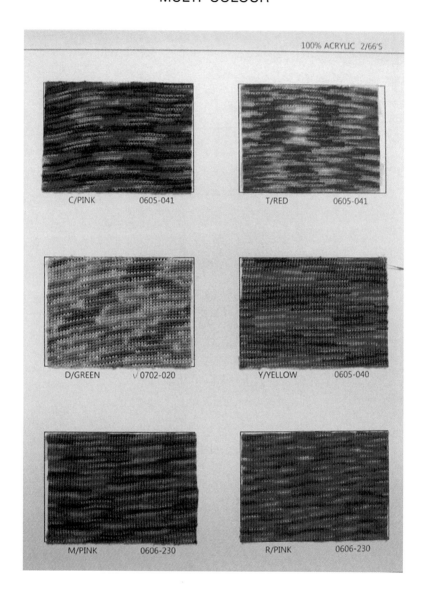

100% ACRYLIC 2/66'S

C/PINK   0605-041

T/RED   0605-041

D/GREEN   √ 0702-020

Y/YELLOW   0605-040

M/PINK   0606-230

R/PINK   0606-230

MULTI COLOUR

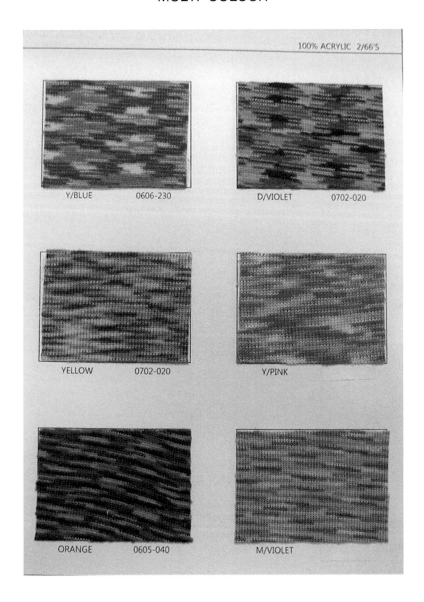

100% ACRYLIC 2/66'S

Y/BLUE   0606-230

D/VIOLET   0702-020

YELLOW   0702-020

Y/PINK

ORANGE   0605-040

M/VIOLET

MULTI COLOUR

100% ACRYLIC 2/66'S

Y/RED	B/GREY
S/BLUE 0703-057	M/WINE 0703-057
T/RED	M/PINK 0606-230

MULTI COLOUR

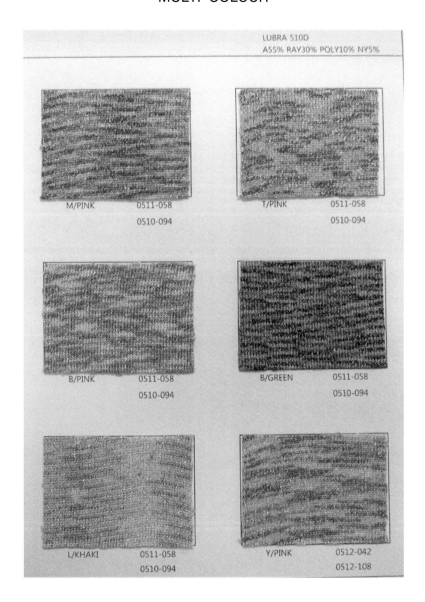

LUBRA 510D
A55% RAY30% POLY10% NY5%

M/PINK　　0511-058	T/PINK　　0511-058
0510-094	0510-094
B/PINK　　0511-058	B/GREEN　　0511-058
0510-094	0510-094
L/KHAKI　　0511-058	Y/PINK　　0512-042
0510-094	0512-108

MULTI COLOUR

LUBRA 510D
A55% RAY30% POLY10% NY5%

GREEN	0512-042	Y/BLUE	0512-042
	0512-108		0512-108

W/PINK 0702-020

G/BLUE + SILVER

C/PINK + GOLD 0702-020

D/VIOLET + SILVER

MULTI COLOUR

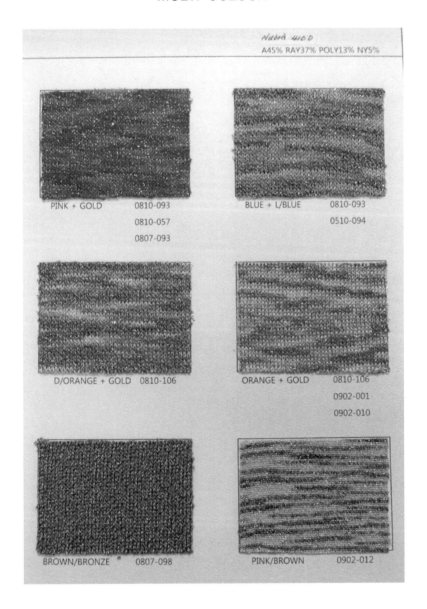

Nubia 410 D
A45% RAY37% POLY13% NY5%

PINK + GOLD   0810-093
              0810-057
              0807-093

BLUE + L/BLUE   0810-093
                0510-094

D/ORANGE + GOLD   0810-106

ORANGE + GOLD   0810-106
                0902-001
                0902-010

BROWN/BRONZE   0807-098

PINK/BROWN   0902-012

MULTI COLOUR

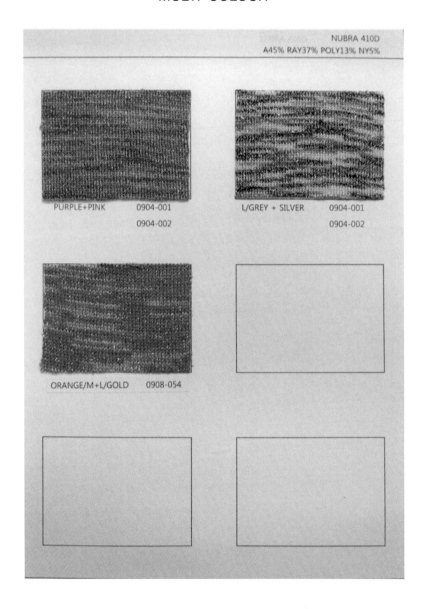

NUBRA 410D
A45% RAY37% POLY13% NY5%

PURPLE+PINK   0904-001
                       0904-002

L/GREY + SILVER   0904-001
                           0904-002

ORANGE/M+L/GOLD   0908-054

MULTI COLOUR

MULTI SAINT
WOOL 64% RAY 23% NY13%

NAVY/BLUE   0809-039   PINK/GREEN   0809-039

MULTI COLOUR

LINERON 1/21'S
RAY 90% FLAX 10%

S/ORANGE	0809-067
GREY	0809-067
GREEN	0911-048
S/GREY	0812-054
BEIGE	0812-054
S/BEIGE	0812-054

MULTI COLOUR

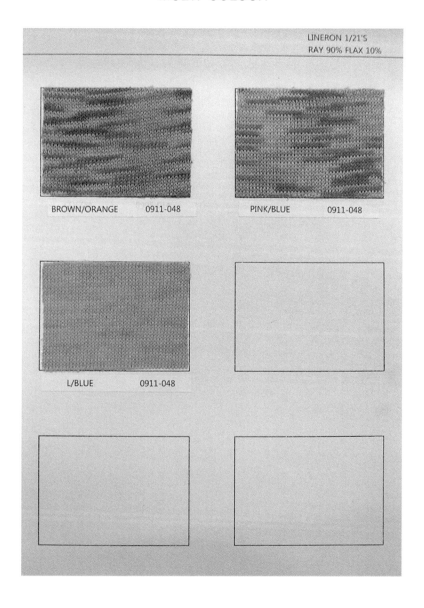

LINERON 1/21'S
RAY 90% FLAX 10%

BROWN/ORANGE   0911-048

PINK/BLUE   0911-048

L/BLUE   0911-048

MULTI COLOUR

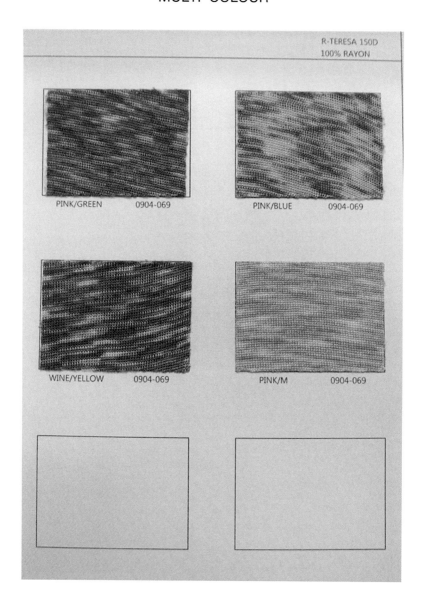

R-TERESA 150D
100% RAYON

PINK/GREEN   0904-069

PINK/BLUE   0904-069

WINE/YELLOW   0904-069

PINK/M   0904-069

MULTI COLOUR

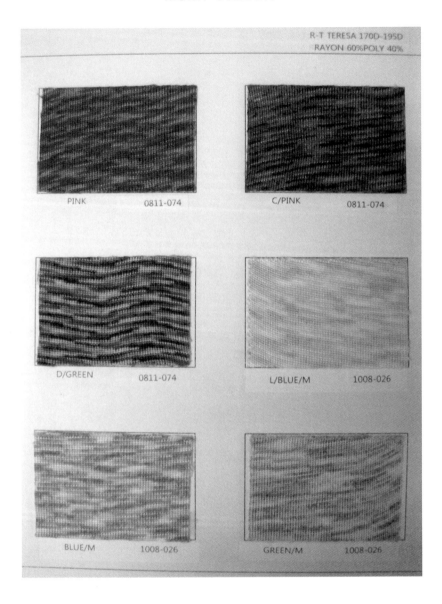

R-T TERESA 170D-195D
RAYON 60%POLY 40%

PINK   0811-074

C/PINK   0811-074

D/GREEN   0811-074

L/BLUE/M   1008-026

BLUE/M   1008-026

GREEN/M   1008-026

MULTI COLOUR

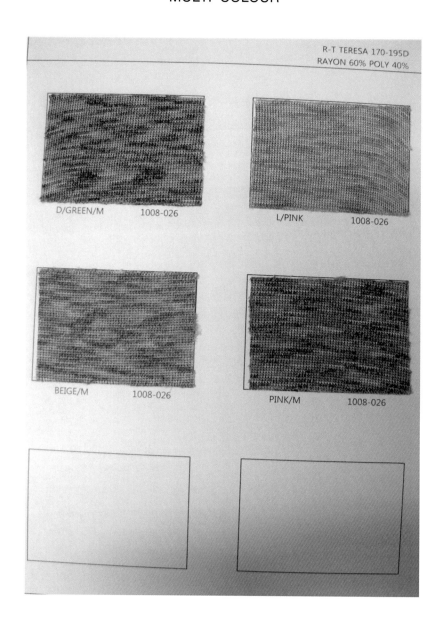

R-T TERESA 170-195D
RAYON 60% POLY 40%

D/GREEN/M　　　1008-026

L/PINK　　　1008-026

BEIGE/M　　　1008-026

PINK/M　　　1008-026

MULTI COLOUR

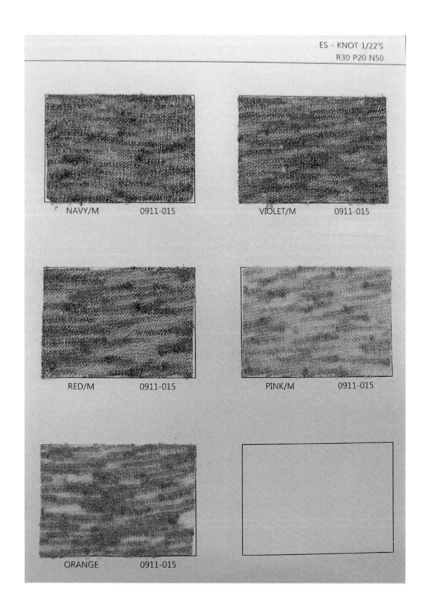

MULTI COLOUR

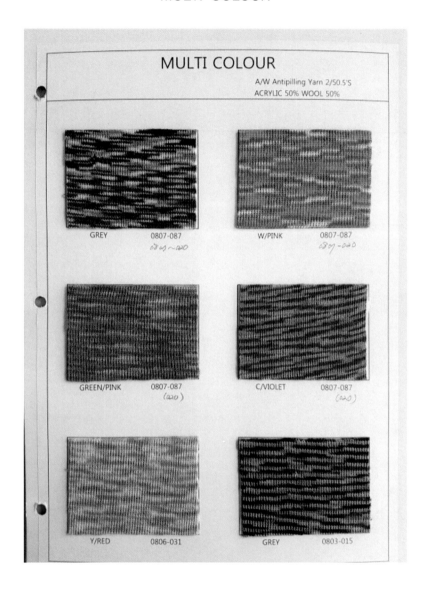

MULTI COLOUR

A/W Antipilling Yarn 2/50.5'S
ACRYLIC 50% WOOL 50%

GREY   0807-087

W/PINK   0807-087

GREEN/PINK   0807-087

C/VIOLET   0807-087

Y/RED   0806-031

GREY   0803-015

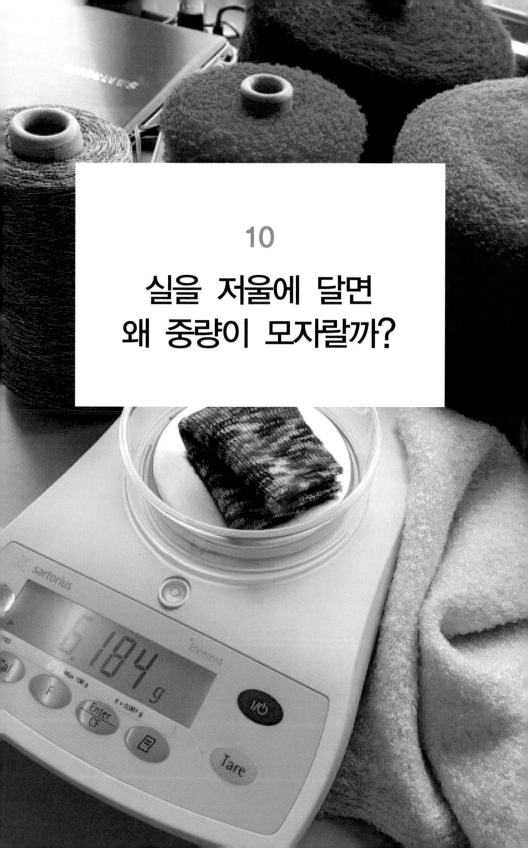

10

실을 저울에 달면
왜 중량이 모자랄까?

10

실을 저울에 달면
왜 중량이 모자랄까?

    일반적으로 방적공장에서 출고된 카톤 박스의 치즈(Cheese 또는 Con) 상태의 실이거나 Hank 상태로 포장된 실을 계량하면 포장 단위에 표시된 Gross/Weight, Net/Weight보다 중량이 대체로 부족하다. 예를 들면 방적공장에서 실을 출고할 때 500g/타래×40타래=20kg로 포장된 뭉치를 포장기의 능력에 따라 5개 이상씩 포장해서 1Bale을 만들었을 때 100kg 무게의 실 중량은 G/W; 105kg N/W; 100kg로 되어 있으나 베일을 풀어 1타래의 실을 달아보면 500g의 타래가 480g 전후가 된다. 실의 종류에 따라 차이는 있으나(면사 또는 양모사일 경우는 더 심함) 대부분 중량이 부족하며 행크 염색(Hank Dyeing) 공장에서 타래 상태로 염색하여 20kg 단위(500g×40타래)로 포장했다면 타래 수는 40타래가 맞는데 중량은 20kg이 안 되고 19.~19.8kg 전후가 되는 것이 보통이다. 포장된 베일 속에 들어 있는 검사증 내에 기록된 내용물에는 40타래 20kg라고 표시되어 있으나 실제 이들 실을 저울에 얹어 계량해보면 표시대로보다 중량이 부족하며, R/W 상태의 방적공장 출고 상태

때 수량보다 더 모자라는 경우가 많은 것을 일선 실무자들은 흔히 느끼는 경험이다.

좀 까다롭다는 회사의 담당자가 일일이 계량해서 중량이 모자란 다고 방적공장 또는 원사 메이커에 클레임을 제기하면 통상 공정수분율(公定水分率, Regain) 때문이라고 하는데, 이 말이 정확하게 무슨 뜻인 줄은 몰라도 수분율과 관계가 되는 것인가 보다 생각한다. 어렴풋이 알고는 있으나 모른다고 하면 무시당할 것 같아 말은 못하고 막상 설명하라면 할 수 없고, 어찌됐던 중량이 부족하니 손해 보는 것 같아 찝찝한 마음을 버릴 수 없는 것이 현실인 것이다.

대부분의 섬유는 흡습성을 가지고 있어 방적공장에서 출고될 때부터 수분을 머금은 상태이고, 적당한 수분을 머금어야 방적이 용이하기 때문에 방적공장의 방적 시설은 생산 중에 실이 될 수 있는 대로 수분을 많이 흡습할 수 있도록 온도 및 흡습장치(Air Condition)가 잘되어 있다. 수분의 많고 적음에 따라 실 무게의 변화가 심하기 때문에 결국 상업적으로 돈과 결부되므로 섬유의 흡습성에 따라 적당한 수분관리가 필요하게 된다. 그래서 섬유의 종류에 따라 표준상태의 온습도(온도 20+2%, 습도 65+2%) 상태 때 그 섬유가 가지고(머금고) 있는 수분율 기준으로 관리하게 되는데, 이때 섬유가 함유하고 있는 수분을 공정수분율(Official Regain)이라고 하고 이를 상거래용의 기준으로 삼고 있다. 특히 국제적으로 섬유 원료 및 원사의 수출입 시는 엄격하게 적용되고 있으며 수출입의

Invoice sheet상에는 상거래용 수분율(Commercial Regain)로 채택하고 있으며, 섬유의 완전 건조 상태의 무게에서 공정수분율 상태와의 물의 무게차를 표준수분율(Standard Regain)이라고 하고, 섬유물의 건조중량(Dry Weight)에서 표준수분율에 해당하는 무게를 가한 것을 정량(Conditioned Weight)라 한다.

각종 섬유의 공정수분율은 다음과 같다.

공정수분율(KSK0301)

섬유	공정수분율(%)	섬유	공정수분율(%)
면	8.5	Wool TOP	18.25
마류(아마, 대마, 저마)	12	Wool Yarn	15.5
황마	13.75	Mohair TOP	18.25
비스코스 레이온	11	Alpaca TOP	18.25
재생 단백질계 섬유	10	Silk 미정련	11
Cupra	12	Silk 정련	12
Acetate	6.5	Poly Amide섬유	4.5
Triacetate	3.5	Poly Propylene섬유	0
Polyester섬유	0.4	Poly Urethane섬유	1.3
Poly Acrylic섬유	1.5		

※ #ASTM. JIS에 따라 약간 기준이 다를 수도 있음.

실제 위에서 보는 바와 같이 외국에서 수입되는 양모류 중에서 적용되는 예를 보면 다음과 같다.

Wool Top을 호주에서 수입한 Invoice을 보면

Gross weight   8,964.00kg

Tare weight   80.0kg

Net weight   8,884.00kg(건조 전 중량)

No of bales   20

Test Result

Weight of Sample Take   1000grms(100%)

                            —시료 채취 무게

Oven Dry Weight of Sample 851.72grms(85.172%)

                            — 건조한 무게

Regain at Time of Sampling

(Moisture Content)   17.41%

                            —현재 그 원료가 가지고 있는 수분율

Standard Regain   18.25%

                            —Wool Top 공정수분율

Conditioned Weight   8947.56kgs

                            — 최종 상거래 중량

- Moisture Content = (건조 전 중량 − 건조 후 중량)/건조 전 중량×100%

  8,884 − 7,337.30/8,884×100 = 17.41%
- Conditioned Weight = (Net Weight×수분율을 뺀 % 85.172%)×1+공정수분율

  (8884×85.172)×(1+18.25%) = 8947.56kg

위에서 보는 바와 같이 수분관계를 무시한다면 단순 Gross Weight 인 8,964kg에서 피(Tare) 무게 80kg를 뺀 Net Weight 8,884kg이 인 보이스상의 중량으로, 상거래 상 결재금액이 될 것이지만 Wool Top의 경우 공정수분율 18.25%를 적용하게 되니 실제 상거래 중량은 8,947.56kg가 되어 실제 Net Weight 중량보다 63.56kg 나 더 결재해야 하는 것이다. 다시 말하면 원자재 수입 단계에서부터 '수분', 즉 물 값을 순 원자재에 첨부해서 원자재가 입고되고 있으며, 그 %도 15~18.25%가 되니 최종 실의 중량은 건조 여하에 따라 상당한 무게차가 생길 수 있음을 알게 된다.

방적공장에서도 이런 물을 머금은 상태에서 입고되었고 실제 방적 공정 중에서도 좋은 실을 생산하려면 온도와 습도 조절이 잘되어 있는 공장일수록 양질의 실이 생산되며, 최종 완제품으로 출고될 때도 지정되어 있는 공정수분율을 기준하여 타래 무게와 콘 무

게, 행크 무게를 정하여 타래를 만든 후 일정한 단위로 포장하는 것이다.

예를 들면 다음과 같다.

100% Wool 2/48'S의 실을 500g/Hank를 만들어 100kg 단위의 Bale로 포장해서 출고한다고 보면 방적공장에서는 다음과 같은 과정을 거쳐 행크를 만들고 포장을 한다.

첫째 최종 행크를 만들기 전 상태인 실의 함유 수분율(Moisture Content)을 실험실에서 샘플을 수거하여 수분율을 테스트한다. 회사마다 약간씩 다를 수 있겠으나, 5g짜리 20개를 채취하여 이를 Oven Dry Tester기에서 건조 전 무게, 건조 후 무게를 찾아 다음과 같이 계산하여 수분율을 구한다.

계산 보기

5.12 + 5.01 + 5.15 + 5.12 = 102.4g   건조 전 무게

4.52 + 4.45 + 4.50 + 4.52 = 90.5g   건조 후 무게

$$\frac{102.4 - 90.5}{102.4} \times 100 = 11.6\%$$ 수분율

         15.5%   100% Wool사 공정수분율

500g의 무게를 가진 실은 수분율 11.62%밖에 물을 머금지 않고 있으므로 향후 15.5%의 물을 함유하고 있을 때 500g타래가 되도

록 행크 무게를 정하는 것이다. 즉, 500g의 타래를 완전 건조한 후의 무게를 계산한다.

500×88.38%=441.9(현재 수분율이 11.62%이므로 100−11.62=88.38)

441.9×(1+15.5%)=510.40g

500g의 행크를 만들었다면 결국 510.40g의 타래가 된다는 결과가 되므로 현재 수분율 11.62%가 공정수분율 15.5%의 물을 머금었을 때의 중량으로 타래 무게를 정해야 하는 것이다.

다음 공식으로 계산을 해보자.

$$500g=100+\frac{\text{공정수분율}}{100}+\text{측정 수분율}\times\text{타래 무게(X)}$$

$$500=100+\frac{15.5}{100}+11.62\times X \qquad X=483.23g$$

즉, 물이 11.62%의 물을 머금은 500g의 타래는 실제 방적공장에서 483g/타래를 만들어 출고하기 때문에 현재 수분율과 공정수분율을 무시하고 저울에 얹어 달아보면 모자랄 수밖에 없으니 늘 중량 문제로 말썽이 생길 수밖에 없는 것이다.

위 계산에서 보는 바와 같이 방적공장에서 수분율을 무시하고 무조건 500g/h의 타래를 만드는 것이 아니라 현재 수분율을 체크하여 15.5%가 될 때에 500g이 되도록 행크 중량을 만들기 때문이며, 이들 실이 염색 공장에서 염색되어 출고될 경우 건조기에서 얼마만큼 건조를 했느냐에 따라 타래 중량은 더욱더 변동이 심해지는 것이다.

한편 이 과정에서 Wool사 또는 A/W사는 편직 시 약간 수분이 함유된 상태일 때 편직이 잘되고, 면 종류나 A/C사 종류는 완전 건조가 되어야 편직이 잘된다. Wool사나 A/W사 등은 건조가 덜 된 상태로 출고했을 경우 저울에 달면 무게가 많이 나가기 때문에 대체로 말이 없으나, 면 또는 A/C사류는 건조가 덜 되면 편직기에서 잘 짜지지 않기 때문에 염색 공장에서 Cotton 실은 대체로 건조를 많이 하기 때문에 일반적으로 타래당 중량이 부족하여 늘 말썽이 많이 발생하므로 염색 시 통상 3~5% 정도의 로스를 감안하여 염색하는 편이다.

원사를 만드는 대형 메이커의 방적 공장에서는 규모와 조직이 있기 때문에 출고 시 수분율을 감안하여 수분 테스트를 해서 타래당 중량을 사전 조정해서 중량을 맞추어 포장 출고하나, 방적 공장에서는 제조경비를 줄이기 위해 핵심공정 외에는 하청을 주는 경우가 많다. 따라서 연사공장 또는 타래(인사 Reeling) 공장 등에서는 대부분 하청에 의해 원사들이 생산되거나 이들 연사 공장 등에서도 각종 연사물 실들이 독자적으로 많이 개발 생산되고 있어서 이들 공장에서 만들어지는 행크(타래)들은 종종 수분율이 무시된 채로 행크 중량이 결정될 때도 있다. 또 행크만 전문적으로 만드는 영세 공장에서는 수분율을 무시하고 그냥 Net Weight로 500g/h, 454g/h(파운드타래)로 만드는 경우가 많기 때문에 행크 수를 늘리기 위하여 될 수 있는 대로 일부러 중량을 약간 부족한 쪽으로 타래를 만드는 경향이 있음도 어쩔 수 없는 현실인지도 모를 일이다.

결론적으로 실타래는 애초부터 제 중량보다 모자라는 쪽으로 가는 경향이 있으며 그나마 염색 공장에서 실의 종류에 따라 건조 온도 시간을 달리하면서 그 실이 가지고 있는 공정수분율에 근접하는 선에서 건조해서 출고를 할 수 있으면 최적이겠으나, 같은 기계 속에 100% 아크릴사, A/W사, Wool사 등 여러 종류의 실들을 한꺼번에 건조하기 때문에 공정수분율에 맞추어 사종별로 건조를 하는 것은 현실적으로 기대를 할 수 없는 일이다. 따라서 그때그때마다 별 탈 없이 마지막 사용자가 말이 없으면 다행인 상태로 오늘도 내일도 우리 원사 업계는 진행되고 있고, 앞으로도 그냥 그렇게 진행될 것이다.

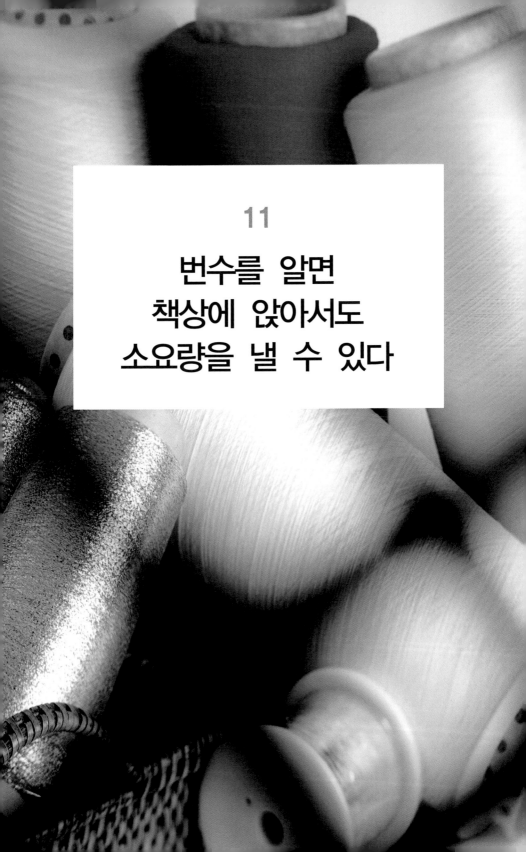

11

번수를 알면
책상에 앉아서도
소요량을 낼 수 있다

번수를 알면 책상에 앉아서도 소요량을 낼 수 있다

생산현장에서 늘 부딪치는 문제 중의 하나가 정확한 소요량을 내는 것이다.

샘플을 보고 그대로 편직을 해서 조직을 최대로 비슷하게 짜서 무게를 내어 소요량을 내지만 막상 제품을 다 짜놓고 나면 실이 남거나 모자라는 일이 비일비재하다.

실제 생산현장에서 편직 된 제품의 실 소요량(實 所要量)을 산출하려고 할 때는 대체로 다음과 같은 순서에 의해 소요량을 측정한다.

① 오리지널과 같은 원사를 구한 다음 오리지널과 같은 조직과 도목과 일정한 크기의 중량으로 샘플 Swatch를 짠 후 그 Swatch를 저울에 달아서 무게를 측정한다.

② 무게를 측정한 조직을 다시 2가지 이상의 원 실을 따로 풀어낸 다음 각각으로 계량을 하여 각 실의 무게의 비를 산출한 후

③ 그 제품의 조직 난이도, 디자인, 일반적인 편직기의 조건 등

을 감안하여(대체로 경험치) 로스(Loss)율을 정한 후 최종 소요량을 계산하여 원사를 발주하는 것이 일반적인 생산현장에서 소요량을 계산하는 방법이다.

보기1 오리지널 스웨터를 저울에 달아보니 350g이고 실 구성을 보니 Wool 2/48'S 1가닥과 Kid Mohair TAM 1/9'S 1가닥과 1:1 Plan으로 짜진 스웨터이다. 이 스웨터의 실의 소요량을 계산해보자.

① 우선 동일한 사종의 두 실로 같은 조직 도목으로 샘플 Swatch를 가로 세로 약 30센티미터 정도로 짠다.
② 짠 Swatch를 저울에 얹어 중량을 정밀하게 계량한다.
③ 다시 이 Swatch의 실을 조직에서 완전히 풀어서 따로따로 중량을 달아서 백분율로 계산하면 각각의 소요량이 된다.
Swatch 전체 무게가 120g이고
두 종류의 실을 풀어 각각 저울에 달았을 때
Wool 2/48'S   33g
Kid Tam 1/9'S   87g 계 120g

소요량은 Wool 2/48'S $\dfrac{33}{120} \times 100 = 27.5\%$

Kid 1/9'S $\dfrac{87}{120} \times 100 = 72.5\%$

④ 스웨터 발주량이 300장이라면 Wool 2/48'S와 Kid/mohair 1/9'S 각 원사의 발주량은 아래와 같다.
300장 전체 수량   300장×350g×1.20(로스 20%)

$$= \frac{126000}{1000} = 126\text{kg}$$

Wool 2/48'S	$126\text{kg} \times 27.5\% = 34.65\text{kg}$
Kid/mohair 1/9'S	$126\text{kg} \times 72.5\% = 91.35\text{kg}$

이런 방식으로 실제 편직을 해서까지 소요량을 계산했으나 최종 제품을 완성해놓고 보면 어느 한쪽의 실이 모자라거나 남는 경우가 비일비재하여 추가 사를 주문하는 경우가 많으며, 추가 사를 구매할 경우 앞 로트와 색상차가 생기는 등 공기가 늦어 추가 사를 포기하고 주문량보다 적은 수량을 납품해야 하는 일들이 생기기도 한다. 또 반대로 남는 실이 있게 마련이어서 시간이 지나다보면 창고에는 숱한 원사 재고가 쌓여 처리에 골머리를 앓게 되는 것이 실제 현장에서 야기되고 있는 어쩔 수 없는 생산현장의 현실이다.

그렇다면 실제 제품을 오리지널과 비슷하게 짜보고 그걸 다시 풀어서 각각으로 계량을 하는 방법이 아닌 책상에 앉아서 이론적으로 계산하는 방법으로 소요량을 계산해보자.

보기2

① 스웨터의 실 구성: 100% Wool 2/48'S 1가닥과 Acrylic 2/36'S를 빽사로 쓴 스웨터
② 중량 350g/장
③ 발주량 1,000장
위 스웨터의 원사 소요량을 구해보자.

ⓐ 계산방법 1: 공통 번수법에 의한 무게 비

- Wool 2/48'S의 실 1m의 무게를 찾아낸다.

  2/48'S = 1/24'S와 같고 1÷24 = 0.04167g

- Acrylic 2/36'S 실 1m의 무게를 찾아낸다.

  2/36'S = 1/18'S 1÷18 = 0.05556g

- 두 실의 무게 비를 계산한다.

  0.04167+0.05556 = 0.09723

  $\dfrac{0.04167}{0.09723} \times 100 = 42.86\%$ Wool 2/48'S의 비율

  $\dfrac{0.0556}{0.09723} \times 100 = 57.14\%$ Acrylic 2/36'S의 비율

- 스웨터 1장 무게 350g×1000장×1.15(로스 15%)÷1000 = 402.5kg

- 402.5 ×42.86% = 172.5kg   Wool 2/48'S의 소요량

  402.5 ×57.14% = 230kg   Acrylic 2/36'S의 소요량

ⓑ 계산방법 2: Denier법에 의한 방법

- 2/48'S = 1/24'S Denier 환산한다. 번수= $\dfrac{9000}{D}$ D = $\dfrac{9000}{번수}$

  D = $\dfrac{9000}{24}$ =375D   Wool 2/48'S의 Denier

- 2/36'S = 1/18'S   D = $\dfrac{9000}{18}$ = 500D   Acrylic 2/36'S Denier

- Total Denier = 375+500 = 875D

  $\dfrac{375}{875} \times 100\% = 42.86\%$ Wool 2/48'S 소요량

  $\dfrac{500}{875} \times 100\% = 57.14\%$ Acrylic 2/36'S 소요량

공통 번수법에 의한 무게 비로 계산하는 것보다 Denier로 계산하는 것이 숫자 다루기가 훨씬 수월해서 틀릴 염려가 비교적

적은 편이다.

보기3

① 스웨터 원사 구성: 면사 30/2 1가닥과 Seri 150D(아크릴 필라멘트)
   와 편직 된 스웨터

② 중량 220g

③ 발주량 3,000장의 원사 소요량을 구해보자.
번수법 또는 Denier법으로 계산하든지 한 가지 번수법으로 통일한다.
• 공통 번수법 면사 30/2'S를 공통 번수법으로 환산한다.
   30/2 = 15/1 15×1.694 = 25.41'S 1÷25.41 = 0.03935g

　　　　　　　　　　　　　　　　　　　　　면사 1m의 무게

• 세리 150D 번수 $= \dfrac{9000}{D}$ $\dfrac{9000}{150} = 60\text{'S}$

   1÷60 = 0.01667g　　　　　　　　　　　　세리사 1m의 무게

   0.03935+0.01667 = 0.05602g

   $\dfrac{0.03935}{0.05602} \times 100\% = 70.24\%$　　　　　면사 소요 %

   $\dfrac{0.1667}{0.05602} \times 100\% = 29.76\%$　　　　　세리사 소요 %

   스웨터 1장 무게 220g, 발주량 3,000장, 로스 20%일 때
   220g×3000장×20% = 79,200

   79,200÷1000=792kg

   792×70.24% = 556.30kg　　　　　　　면사 소요량
   792×29.76% = 235.70kg　　　　　　　세리사 소요량

- Denier법

$15 \times 1.694 = 25.41\text{'S}$

$\dfrac{9000}{25.41} = 354.2D$

150d+354.2D　　　　　　　　　　　　　Total D= 504.2d

$\dfrac{354.2}{504.2} \times 100\% = 70.24\%$

$\dfrac{150}{504.2} \times 100\% = 29.75\%$

- 소요량

$220g \times 3000 \times 20\% = 792000/1000 = 792\,kg$

$792\,kg \times 70.24\% = 556.30\,kg$　　　　면사 소요량

$792\,kg \times 29.75\% = 235.70\,kg$　　　　세리사 소요량

　　스웨터의 경우 조직에 따라 두 가지 이상의 실을 1:1로 짜기도 하나 경우에 따라서는 두 가지 이상 세 가지, 네 가지로 자카트 조직이나 인타사 조직으로 짜기도 하고, 두 가닥으로 짜면서 한 가닥을 우수로 짜기도 하여 조직의 난이도 또는 실의 마찰계수에 따라 장력(Tension)이 다르게 먹기 때문에 똑같이 1:1로 짰다고 해도 어느 한쪽의 실이 많이 먹으므로 두 실의 기장이 다를 경우도 있을 것이다. 특히 3캠, 4캠의 자카트 조직일 경우 3~5가지 이상의 서로 다른 실을 쓰기 때문에 실에 따라 장력이 달라 단순 번수에 의한 무게 비로만 계산하면 틀릴 경우가 많으므로 길이의 비도 감안해야 한다.

보기14 자카트 조직으로 짠 재킷이 있다.

중량은 500g

사용한 실의 종류 Kid/mohair 50/50 1/9'S

                     Lambs wool 1/15'S

                     Gold Lurex 195D

                     100% Acrylic 2/66'S 등 각 1가닥씩 편직

① 무게 비를 산출하기 위해 간단한 데니어 방법으로 계산한다.

Kid Mohair 1/9'S $\dfrac{9000}{9}$=1000D   48.35%

Lambs Wool 1/15'S $\dfrac{9000}{15}$=600D   29.61%

Lurex   195D   9.45%

Acrylic 2/66'S=1/33'S $\dfrac{9000}{33}$= 273D   13.2%

_____

Total D   2068D

② 이들 4가지 실로 짜인 스와치를 20 내지 30cm로 잘라 각 실을 풀어 실제 실의 길이의 비를 구한다. 이때 정확한 비를 찾아내기 위해 각 실의 기장(Length)을 5회 정도 측정한다. 즉, 20cm의 스와치를 풀어 실의 길이를 재보니 평균,

Kid Mohair   52cm

Lamb Wool   56cm

Gold Lurex   45cm

Acrylic 2/66   60cm

로 길이가 나왔다면 제일 많이 쓴 Kid사를 중심사로 보고, 52cm을 기준 1로 보고 비율을 산출한다. 즉,

Kid Mohair는 1로 보면   1000D

Lambs Wool $\frac{56}{52}$ ×100=107.69≒108% 즉,

$\qquad\qquad\qquad$ Lambs Wool   600d ×1.08 = 648D

Gold Lurex $\frac{45}{52}$ ×100=86.54%

$\qquad\qquad\qquad$ Gold Lurex   195D ×0.8654 = 168.75D

Acrylic $\frac{60}{52}$ ×100=115%

$\qquad\qquad\qquad$ Acrylic   273D ×1.15 = 313.95
_____
Total   2130.65D

다시 사종별 비율을 산출하면,

| Kid Mohair | 1/9'S | $\frac{1000}{2130.7}$ ×100=46.93% |

| Lambs Wool | 1/15'S | $\frac{648}{2130.7}$ ×100=30.41% |

| Lurex | 195d | $\frac{168.75}{2130.7}$ ×100=8% |

| Acrylic | 273d | $\frac{313.95}{2130.7}$ ×100=14.73% |

위의 단순 각 사종별 길이를 1:1로 계산했을 때보다 무게 비가 상당히 다름을 알 수 있다.
따라서 500g의 재킷의 사종별 소요량을 계산하면 다음과 같다.

| Kid Mohair | 1/9'S | 500g ×25%(로스율) ×0.4693 = 293.31g |
| Lambs Wool | 1/15'S | 500g ×25 ×0.3041 = 190.06g |

Lurex	165d	$500g \times 25 \times 0.08 = 50g$
Acrylic	2/66	$500g \times 25 \times 0.1473 = 92.06g$
		계　625g

실제로 편직을 해보고 소요량을 산출하거나 번수 또는 데니어 법으로 소요량을 계산해서 소요량을 냈다 해도 실제 생산을 해보면 꼭 어느 한쪽이 모자라거나 남게 되는 경우가 허다하므로 정확할 수는 없지만 편직을 해서 다시 풀어 소요량을 내는 방식과 번수법에 의해 소요량을 내는 두 가지 방법을 계산하여 그 평균치를 사용하는 방법도 정밀도를 높여주는 방법 중의 하나일 수 있다.

소요량이 잘 맞지 않을 경우는 다음과 같은 이유일 수 있다.

① 기계마다 약간의 실에 걸리는 장력이 다르다(기종에 따라 다르기도 하다).
② 실에 표시된 번수와 실제 실의 번수가 다를 수 있거나 번수가 고르지 않을 수 있다.
③ 실의 건조 상태가 고르지 않다.
④ 컬러별로 염색조건에 따라 굵기가 다를 수도 있다.
⑤ 실의 종류에 따라 표시된 번수가 Bulky Yarn일 경우 염색 후 DMM 번수를 적용해야 하나 R/W 상태의 번수를 사용할 경우

상당한 번수 차가 나므로 염색 후의 번수 변화를 정확히 알 필요가 있다.

예를 들면,

A/W 50/50 2/50.5'S의 안티필링 얀일 경우 염색 후 번수 2/48'S

A/W 50/50 2/36'S의 하이벌키 얀일 경우 염색 후 번수 2/28'S

100% Acrylic 2/32'S의 하이벌키 얀일 경우 염색 후 번수 2/24'S

A/W 50/50 2/34'S Conjugate일 경우 2/31'S를 적용해야 한다.

12

필링(Pilling)에
대한 이해

필링(Pilling)에 대한 이해

1) 필(Pill, 보풀 Fuzz)이란 무엇이며, 왜 생기는가?

니트 의류 또는 우븐 의류를 입고 있는 동안 쓸리거나 많이 문질러지는 부위에 자연스럽게 보풀이 일어나면서 나중에는 그 부위가 닳게 된다. 특히, 소매 단 끝이나 소매가 스치는 옆구리, 배, 겨드랑이 등이 심하다. 운전을 하면서 왼쪽 어깨에서 왼쪽 가슴 쪽으로 안전벨트에 의해서 심하게 마찰이 생기면서 그 부위에 작은 섬유 덩어리가 군데군데 뭉쳐 있는 것을 볼 수 있으며, 덩어리를 뽑으면 뽑혀 나오면서 딸려 나오는 보풀의 끝은 원단 바닥 속에 파묻혀 있으면서 억지로 당겨 나옴을 볼 수 있으며, 이런 현상을 Pill이라 한다. 생기는 원인에 대해서는 여러 가지 설이 있으나 대체로 정전기에 의해서 발생한다고 보면 된다.

보풀이 생기는 단계를 다음 그림을 보면서 이해해보자.

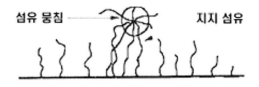

섬유 뭉침 ─── 지지 섬유

모든 섬유는 마찰하면 정전기가 발생하고, 정전기는 항상 +전기 와 −전기를 띠고 있다. 마찰에 의해서 느슨해진(헐거워진) 부위에 서 섬유가 정전기에 의해 표면 밖으로 솟아오르면서 한 가닥, 두 가닥이 빠져나오고 정전기의 +−에 따라 서로 다른 전기를 가진 것끼리 함께 뭉치는 현상이 일어난다.

- 1단계: 원사에서 느슨하게 풀려나온 섬유가 마찰에 의해서 점 차 표면으로 나오기 시작한다.
- 2단계: 원사에서 빠져나온 섬유의 끝이 엉키고 뭉치면서 보풀 이 형성되기 시작한다.
- 3단계: 어떤 한계에 이를 때까지 보풀의 크기는 자라는데, 섬유 의 종류에 따라 이 뭉침이 지속될 수도 있고, 그렇지 않을 수도 있다.
- 4단계: 지속적인 마찰로 인해 지지 섬유에 힘이 가해지면 보풀 은 떨어져 나갈 수도 있다(지지 섬유의 힘보다 마찰력이 더 크 면 보풀은 떨어져 나가게 되어 있다).

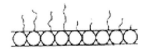

제1단계: 보풀이 생긴다.

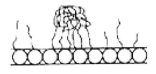

제2, 3단계: 보풀이 뭉쳐진다.

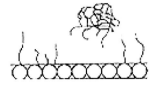

제4단계: 뭉쳐진 보풀이 떨어진다.

2) Pill이 잘 생기는 요소들을 찾아보면 다음과 같다.

필링이 일어나는 데 직·간접으로 영향을 주는 요소는 원료의 선택과 실을 만드는 공정에서 꼬임의 강약 조직의 선택, 최종가공의 조건에 따라 다양하게 나타난다.

(1) 섬유의 선택

대체로 천연섬유가 합성섬유에 비해 보풀이 덜 발생하는 편이며 면(Cotton)은 발생해도 곧 표면에서 떨어져나가기 때문에 안 보일 뿐이다. 양모섬유도 마찬가지로 보풀이 생겼다가 합성섬유에 비해 질기고 탄성이 적어 빨리 표면에서 떨어져 나가는 편이어서 보풀이 덜 생기는 것 같으며, 특히 섬유장이 짧은 방모사인 램스 울 얀으로 만든 의류는 보풀이 덜 생기는 것 같이 보인다. 이는 섬유장이 짧아 옷 속에 묻혀 있는 보풀의 수명이 짧기 때문이다.

(2) 섬유의 섬도(Fineness)

섬유의 굵기가 가늘수록, 부드러울수록 보풀이 잘 생긴다.

(3) 섬유 장(Fiber Length)

섬유가 짧을수록 Pill이 생긴 경우 조직에서 쉽게 빠져나온다.

(4) 원사의 꼬임

Pill이 생기는 원인 중 꼬임에 의한 영향이 상당히 큰 편이며, 꼬임을 많이 줄수록 필은 덜 생기나 터치에 직접적인 영향을 미치기 때문에 사전에 요구하는 질감과 촉감을 감안하여 실 생산 시 알맞은 상하연(上下撚) 꼬임수를 선택해야 한다.

(5) 특수 모에 의한 원인

캐시미어, 모헤어, 앙고라 등 섬도(Fineness)가 가는 고급 원료로 방적한 실로 짠 니트 또는 원단일수록 필이 많이 생긴다.

(6) 조직에 관한 요인들

치밀한 조직으로 짜면 필이 덜 생긴다. 그렇지만 원단의 촉감과 중량에 미치는 영향이 크므로 적정한 조직의 밀도가 요구된다.

3) 필링 발생을 최소화하기

우븐 원단이나 니트웨어에서 필링을 덜 생기게 하기 위한 기술 개발에 그동안 많은 노력을 기울여 왔으나, 실제로는 보풀의 원인이 많기 때문에 간단한 해결책은 없는 것이 현실이다.

더 굵고 긴 원료를 쓰고 원사의 꼬임수를 늘리고 더 촘촘하게 짜고 정전기를 덜 발생시키기 위하여 대전방지제 등을 사용해보지만 이는 일시적인 처리밖에 안 된다. 이렇게 해서 보풀의 문제를 줄인다 해도 이것은 니트의 촉감이나 편안한 착용감을 배제하고 얻는 대가이다. 이런 옷이 소비자에게 팔리기를 기대하기는 어려울 것이며 따라서 보풀의 원인을 해결하려 할 때 니트의 품질과 촉감을 고려해서 적정성을 찾아야 할 것이다. 즉, 촉감이 부드러운 고급제품일수록 필링은 더 잘, 많이 발생할 수 있다는 것을 의미한다.

보풀이 덜 생기게 하기 위한 섬유를 일본 미쯔비시레이욘사에서 안티필링 타입의 섬유를 일찍이 개발하였으며 국내 몇 군데 모방회사에서 이 원료를 수입하여 WOOL과 혼방사를 만들어 국내 니트업체에 안티필링 원사로 공급해 왔다. 보풀이 덜 생기는 원리는 아크릴 섬유의 물성을 일반 아크릴보다 강하게 만들어 정전기에 의해 표면으로 솟아 올라온 섬유가 마찰에 의해 옆으로 굽어졌다 펴졌다 하는 사이에 굽은 자리가 절단되어 공기 중으로 날아가 버리므로 보풀이 덜 생기게 한 니트얀이나 이들 실도 결코 완벽하지 못해 보풀에 대한 문제로 얀 공급업체와 니트판매 업체 사이에 종종 다툼이 생기기도 한다(안티필링 A/W YARN은 본 책 61페이지를 참조하기 바람).

4) 결론

결론적으로 필링을 해결하는 방법은 없다. 옷을 만드는 생산자는 위의 원인에서 최종 제품이 가져야 할 조건들을 감안하여 이에 알맞은 소재를 선택해야 하며, 옷을 입는 소비자는 소재의 특성에 따라 상식선에서 보풀이 덜 생기게 하는 관리가 필요함을 주지해야 한다. 특히 고급 소재를 사용한 옷일수록 보풀이 더 많이 발생함은 자연스런 현상으로 소비자에게 주지시켜야 하며, 매장에서 보풀로 인한 문제점이 발생할 요소가 있는 것은 옷에 판매 태그를 통한 공지와 판매 사원들에 대한 사전 교육으로 분쟁 발생을 최소화하는 수밖에 없는 것이다.

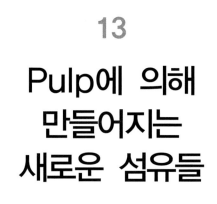

13

Pulp에 의해
만들어지는
새로운 섬유들

13

Pulp에 의해 만들어지는
새로운 섬유들

Viscose Rayon은 1891년 영국 E. J. Cross 및 C. F. Beven에 의해 발견된 재생섬유(Regenerated Cellulose)이며, 인조견 또는 인견(人絹)이라고 부른다.

이런 섬유는 값싼 목재 Pulp를 이용하여 대량 생산할 수 있는 공업생산이 가능하도록 1904년 영국 Courtaulds사에서 처음으로 생산, 개발하면서 본격적인 인조섬유시대가 열리게 되었다. 제조공정 중에 양잿물을 대량 사용하여 아황산가스 등의 발생으로 전형적인 공해 산업이다. 습윤(濕潤)에 약하고 비중이 1.52나 되어 너무 무거운 결점이 있으며, 산(酸)에 대한 반응은 강산에 의해 손상을 받기 쉽다. 또한, 저온의 농산에 의해서 분해하기도 하나 알칼리에 저항성을 지니며, 강알칼리에 대해서는 팽윤하고 강력이 저하된다. 드라이클리닝의 유기용제에 대해서는 우수한 저항성을 지닌 섬유이나 대표적인 공해섬유로, 경기도 구리시에 '원진 레이온'이라는 생산 공장을 갖고 있었으나 공해문제로 더 가동이 어려워서 중국으로 이전한 대표적인 산업이었다.

지금 국내에서 유통되고 있는 Rayon Filament는 90%가 중국산이며, 방적사는 중국산 또는 인도네시아산이 많이 유통되고 있다.

자연섬유에서 얻어지는 셀룰로오스 섬유인 면이나 마 종류의 섬유는 자연 재배에 의해서만 생산되는 섬유여서 자연의 기후 조건에 따라 생산량이 좌우되므로 가격의 높낮이가 심한 데 비해 값싼 펄프에 의해 대량생산이 가능하다. 현재 생산 공정의 공해상의 문제점과 섬유로서의 기능상의 문제점을 끊임없이 보완하면서 Pulp를 소재로 한 새로운 인견섬유가 계속 개발되고 있다.

1) 트리아세테이트(Tri-Acetate)

원료는 펄프에서 얻어지므로 면과 같은 자연섬유의 Touch감과 합성섬유의 Touch감을 충족시킨 섬유이며, Silk와 같은 광택 내열성이 우수하다. 염색 시 일광견뢰도에 문제가 있으나 염색 방법으로 해결되고 있으며, 직물과 Knit 등의 까실까실한 느낌 때문에 S/S용 소재의 숙녀복 Knit에 많이 쓰이고 있다.

2) 폴리노직 레이온(Poly Nozic Rayon)

Poly Nozic은 저산욕법에 의해 얻어진 것으로 프랑스의 Drisch에서 처음 사용되었으나, 일본에서 더욱더 기술적으로 개발되었다. Rayon 종류로, 섬유를 구성하는 분자 구도의 결정도가 높아 강도가 크고 습윤 강도가 높은 섬유로 젖은 상태에서도 신축성이 없기 때문에 세탁을 반복해도 치수 안정성이 높으며 흡습성, 염색성도 양호하여 면 대용으로 많이 사용하는 섬유이다.

3) 모달(Modal)

1904년 영국 Coutaulds사에 의해 Viscose-Rayon의 공업생산이 시작된 이래 단점을 개선하기 위해 끊임없이 품질을 발전시켜오면서 제조공정상의 공해를 제거하고 품질 개선으로 새로운 High Quality의 Modal 섬유가 나오게 되었다.

Modal 섬유는 일반 Rayon에 비해

① 강도가 높다.

② 높은 항알칼리성을 갖고 있다.

③ 염색성은 Rayon보다 Cotton에 가깝다.

④ 수축성이 낮으며 세 Denier 생산이 가능하다.

모달의 기능에 면을 혼방하면 최상의 흡수력, 실크 광택, 우수한 색상, 부드럽고 매끄러운 촉감 등을 갖게 된다. 특히 체육복으로 조깅복, 테니스복, 사이클링복 등 스포츠웨어에서 수분의 발산이 양호하고, 피부 기공에서 나오는 땀을 빨리 발산하며, 피부와 의복

사이에 Dry한 상태가 유지되므로 땀으로 인한 불쾌감을 없애주는 등 기능성, 패션성을 동시에 부여하는 전망 있는 섬유이다. 모달 단독으로보다는 일반 면과의 혼방사 Cotton/Modal 50/50, 40/60, 30/1, 40/1 또는 Acrylic/Modal 등의 혼방사로 Knit 환편용 또는 스웨터용 실들이 많이 개발되어 국내 면방공장에서도 여러 혼방사들이 많이 생산되고 있다.

4) 탠셀(Tancel)

역시 영국 Coutaulds사에서 Rayon의 공해 산업에 대처하기 위해 개발한 것으로, 최근 공업화에 성공한 21세기의 대표적인 섬유로 각광을 받을 것으로 보인다. Cotton보다 강하고 치수안정성이 우수하며, 습윤 시에도 강도가 불변하며, 손세탁이 용이하고 생산 공정에서 발생하는 폐기물은 토양에 용해 흡수되는 환경 친화적이다. 부드러운 촉감, Drape성, 품위 있는 광택, 염색의 발색성이 우수하므로 Woven 및 Knit용 각종 혼방사로 계속 개발되고 있다.

모달 섬유와 거의 비슷한 물리 화학적인 성질을 가졌으며, 타 섬유와 혼방사일 경우 구분하기 힘들다. 최근 소모방 공장에서 Super Wash Wool과 Tancel 등의 혼방으로 고급 스웨터용 원사들이 개발되고 있다.

탠셀 섬유의 물리적인 데이터 비교표

구분	탠셀	폴리노직	Rayon	Cotton	Polyester
섬도(Den)	1.5	1.5	1.5	N/A	1.5
강도(g/den)	4.3~4.8	3.8~4.1	2.5~2.9	2.3~2.7	4.5~7.5
신도(%)	14~16	13~15	20~25	7.0~9.0	25~30
습윤강도(g/den)	3.9~4.3	2.1~2.4	1.1~1.7	2.9~3.4	4.3~7.3
습윤신도(%)	16~18	13~15	25~30	12.0~14.0	25~30
강도(신도 10%)(g/den)	4	2.6	1.8	N/A	2.9
습윤탄성률(신도 5%)	270	110	50	100	210
수팽윤도	65	75	90	50	3

※ 섬유원료 제일모직(주)에서

상기 열거한 것 이외에 일본에서 생산 중인 엠리(Emlie), 국내 한일합섬에서 기술을 도입하여 생산을 진행 중인 리오셀 또는 라이오셀(Lyocell) 등도 Modal, Tancel과 유사한 Pulp 섬유들이다.

14

섬유 연소
감별법

섬유 연소 감별법

섬유 명	타는 모양	타는 냄새	재의 모양
Cotton 및 마 종류	너무 잘 타 불꽃을 털어 내기도 한다.	종이 타는 냄새	회색의 부드러운 재가 남는다.
견(Silk)	지글지글 덩어리를 내면서 빨리 탄다.	머리카락 타는 냄새	흑갈색의 덩어리를 내고 눌러 비비면 부서진다.
Wool	그을음을 내면서 탄다.	머리카락 타는 냄새	흑갈색의 덩어리를 내고 눌러 비비면 부서진다.
Rayon Cupra	Cotton과 동일	종이 타는 냄새	흑갈색의 덩어리를 내고 눌러 비비면 부서진다.
Acetate	오그라들면서 연기를 내고 녹으면서 탄다.	종이 타는 냄새	광택 있는 흑색 구
Nylon	용융하면서 서서히 연소	특이한 약품 냄새	단단한 갈색 유리 같은 덩어리
Acrylic	오그라들면서 잘 탄다.	약간 시고 쓴 냄새	흑갈색의 부서지기 쉬운 덩어리
Polyester	타면서 녹아 둥글게 뭉치면서 매연을 내며 서서히 탄다.	가벼운 방향족 냄새	흑갈색의 단단한 덩어리

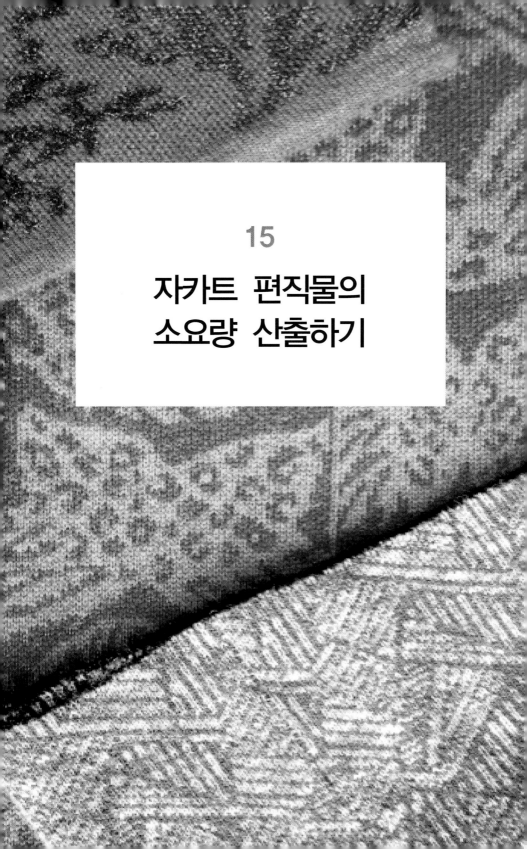

15

자카트 편직물의
소요량 산출하기

 자카트 편직물의 소요량 산출하기

일반 횡편기에서 2종류 이상의 원사로 편직 할 때는 조직이 그다지 복잡하지 않기 때문에 비교적 소요량이 간단하게 구해지지만, 여성복 재킷이나 코트류의 경우 보통 3가지 이상의 실들로 짜는 자카트 조직이 많아 책상에 앉아 번수만으로 계산해서는 상당한 오차가 생기므로 공장에서 실제 기계로 조직물을 짜보고 소요량을 내는 것이 근사치에 가깝다

*실례로 여성복 재킷으로 중량이 500g이며, 다음 사종으로 짠 옷이다.

Kid Mohair E Tam	1/9'S	1가닥
Silver Metal MH Type 195D		1가닥
Lambs Wool	1/15'S	1가닥

등의 실로 3 CAM 자카트 조직물임.

*다음과 같은 순서대로 소요량을 계산해보자.

1) 캐드 그래픽에 의해 조직을 설계한 다음 기계에 입력시켜 시
샘플을 내려서 원하는 조직대로인지, 오리지널이 있을 시 비교해
보고 유사한지 검토한 후 OK라면 다음과 같이 실을 준비한다.

2) 위 3가지 실의 Full Con을 저울에 달아 정확한 계량을 한다
(gram 단위까지 나오는 저울일 것).

Kid Mohair	1/9'S	1550g
Silver Meta	195D	850g
Lambs Wool	1/15'S	1515g

3) 편직기에서 1 repeat 조직까지 편직 도목 등 최대로 맞추어
1장을 짠다.

짠 스와지를 계량한다. ---------------------------- 350g

짜고 남은 콘들의 무게를 계량한다.

Kid Mohair 1/9'S	1355g	1550g−1355	= 195
Silver Metal 195D	812g	850g− 812	= 38
Lambs Wool 1/15'S	1399g	1515g−1399	= 116

계   349g

4) 짠 스와치 무게 350g과 실 사용량의 합친 무게가 같거나 비슷해야 한다. 차이가 많거나 같지 않으면 계산이 잘못된 것이다.

Kid Mohair $\dfrac{195}{349} \times 100 = 55.87\%$

Silver Metal $\dfrac{38}{349} \times 100 = 10.88\%$

Lambs Wool $\dfrac{116}{349} \times 100 = 33.24\%$

5) 옷 한 장의 무게가 500g일 경우, 300장을 할 경우

• 전체소요량

500장×500g=25,000

25,000÷1000=250kg

250kg×15%=288kg

• 사종별 소요량

Kid Mohair 288×55.87%= 161kg

Silver Metal 288×10.88%=31.33kg

Lambs Wool 288×33.24%=95.73kg

6) 이렇게 해서 소요량을 내도 최종 옷을 다 생산하고 나면 어느 사종이 모자라거나 남기 일쑤이다. 소요량이 잘 맞지 않은 원인은

여러 가지가 있겠지만

　* 애초에 편직 소요량을 계산할 때 등판 한쪽의 조직만 짜보고 계산한 경우 실제 옷을 보면 호주머니, 넥 부분의 사종이 다르거나 조직이 다른 경우 많으며

　* 로스를 계산할 때 경험치에 의해 하기 때문에 실제 로스와 차이가 많은 경우 등이 있을 수 있다.

16

Acrylic Yarn을 니트용
원사로 사용하기가 점점
어려워질 것이다

Acrylic Yarn을 니트용 원사로 사용하기가 점점 어려워질 것이다

1) 아크릴사(絲)에 얽힌 이야기들

스웨터 업계나 환편용 니트 업계에서 많이 쓰고 있는 아크릴사는 앞으로는 점점 사용하기 어려워질 것이다. 일반적으로 많이 사용하고 있는 Acrylic 1/52'S(30/1), 1/60'S, 1/64'S, 1/66'S나 1/36'S, 1/32'S, 1/26'S 등의 실들은 100% 의류용으로 사용하는 것보다 타실과 교연(交撚)하거나 메인 실 편직 시 빽사(니팅 시 뒷면용 실) 또는 메인용 실의 편직 도목(度目) 조절용 실로 사용하거나 메인 실의 단가 때문에 원가를 낮추기 위한 보조 실로 사용하는 데 주로 쓰는 편이다. 또 특수한 아크릴사로는 기능성 때문에 예를 들면 터치가 아주 소프트한 Dry Acrylic Yarn으로 독일 Bayel사의 Dralon 아크릴얀 또는 일본 미쯔비시 레이온사의 Finel 아크릴을 이용한 Cashmere like라는 이름으로, 브랜드의 기획 행사용 스웨터용으로, 100% Dry Acrylic Yarn 번수 2/48, 2/36, 2/32, 2/28 등의 실로, 기획용(세일용) 원사로 사용되는 경우는 있지만 메인용 원사로

100% 아크릴사를 사용하는 경우는 오늘날 극히 드문 편이다.

우리나라 사람들은 국민성 때문이겠지만 남을 많이 의식하는 편이라 특이 옷에 대해 남을 의식하는 것이 상당히 유난스러운 편이다. 그래서인지 요즘은 사람들이 100% 아크릴 스웨터를 입는 경우는 거의 없는 편이다. 1960년대에 처음으로 방적 공장에서 아크릴사가 생산되었을 때만 해도 100% 아크릴 1/60'S 1/52'S 또는 2/76'S로 내의(內衣)사(내복용사)로 생산하여 여성용은 빨강이나 자주색, 남성용은 약간 그레이한 회색 내의가 아파트라는 주거 문화가 없을 그 당시는 겨울이면 영하 15도 이하로 예사로 내려갔기 때문에 사람들의 고급 내의용 원사로 내수시장에 엄청나게 팔려나갔다. 그리고 70년대 박정희 대통령의 수출드라이브 정책 때문에 수출용 스웨터 실로 100% Acrylic 2/36'S(12게이지 스웨터) 2/32'S(스웨터 7게이지용)으로 생산하여 미국 수출용 스웨터, 그것도 단순 플랜(plan) 조직의 단색 컬러, 블랙 브라운, 아이보리 네이비 등의 가디건이나 풀오버 브이넥 또는 라운드 조끼 등의 스웨터를 생산하여 수출하였다. 그 당시 스웨터 수출회사로는 마산방직, 유경산업, 유림통상, 천지산업, 군자산업 등이 있었으며 스웨터 한 아이템으로 연간 5천만 불씩을 수출하여 마산방직, 유경산업 등이 5천만 불 수출탑을 받기도 하였다. 스웨터 1장 250~350g짜리로 3~4불짜리 스웨터를 약 150만 장을 만들어 수출하여야만 5천만 불이 되었으니 수량도 대단하지만 스웨터를 만드는 노동 인구는 어떠했을까?

60년대 박정희 대통령 시절, 일본 청구권자금 일부로 일본의 섬유 중고기계들을 국내에 들여와 섬유산업을 초창기에 시작하였다.

스웨터 한 장을 만들려면 몇 공정의 과정을 밟아야 한다. 이를테면 실을 만들려면 우선 솜이 있어야 하고, 솜으로 실을 만들려면 최초의 방적공정이 시작된다.

실을 만드는 방적공장으로 면방업체는 일제 강점기부터 몇 개있었다. 부산의 조선방직, 서울의 경성방직, 윤성방직 등이 있었으나 양모로 실을 뽑아야 하는 소모방적 시설은 없었다. 우리나라에서 소모방 시설의 효시는 제일모직으로, 1954년경 오늘날 삼성의 창업자인 이병철 씨가 대구에 세운 것이 처음이며, 그 뒤로 동시대에 이승만 대통령 시절 미국의 원조 자금으로 마산에 대명모직이라는 미국제 방적기계를 사용하는 소모방회사가 있었다. 그 뒤로 생긴 것이 역시 마산의 마산방직이었고, 역시 마산에 현대모직, 부산 서면에 경남모직이 60년대에 들어 기존 공장들의 증설과 더불어 새로운 공장들이 여기저기 생기기 시작했다. 부산 가야에 태광산업, 범일동에 미창산업, 서울 흑석동에 동광기업, 경기도에 일화모직, 미원모방, 충청도에 청방, 우성모직 등이 생기면서 섬유산업은 엄청난 속도로 발전하였다. 한일합섬이 생기면서 아크릴섬유가 공급되면서 양모로 방적을 해야 하는 소모방회사에서 아크릴섬유를 쓰기 시작했으나, 애초부터 아크릴섬유를 한 올도 쳐다보지 않은 회사는 역시 제일모직으로, 오직 양모로만 승부를 걸었던 회사였다. 소모방회사에서도 줄곧 양모로만 승부를 건 회사들이 있었고 아크릴 또는 혼방으로 간 부류의 회사들로 나뉘었다. 순 모방으로 간 회사가 경남모직, 제일모직, 도남모직, 우성, 일화 등이었으나 나머지 회사들은 겹용으로 갔다고 보면 될 것이다. 이처럼 방적 공장들이 생기면서 노동 인구는 어마어마하게 필요로 했다. 필자가 공장에 입사한 1967년만 해도 5000추 공장에 5~600명의 기능공이 있어야 했는데, 한 번에 100명 정도 양성공을 모집할 경우 그 수의 5배의 사람들이 운집했다. 그야말로 시골에서 국민학교나 겨우 졸업하고 중학교 갈 형편이 못 되어 집에서 입이라도 하나 덜어야 하는 형편이 열악한 어린 소녀들이 공장에 들어오기 위해 공장 정문에 죽치고 앉아 있는 진풍경이 벌어지기도 했다. 방적공장에서 만들어진 실은 염색 공장으로, 제직 공장으로, 편직 공장으로, 봉제 공장으로 가서 최종 옷이 되어 출하되는 과정을 거치면서 수많은 사람의 손을 빌려 미국으로 가는 컨테이너에 1억 불 정도가 실리려면 그야말로 어마어마한 사람들의 피땀이 필요로 했다. 그러니 가난한 백성들을 굶지 않게 하고, 시골 농촌 가정의 부모들에게 목돈이 생기게 하고, 나라는 수출함으로써 달러($)가 모이게 되는 어마어마한 부강 효과는 가난은 나랏님도 어쩌지 못한다는 속담과는 반대로 그 당시 박정희 대통령은 섬유 산업으로 국민을 허기진 가난에서 구할 수 있었다. 한 공장에 한 사람이 입사하게 되면 그게 인연이 되어 세 자매가 한꺼번에 다니기도 하고, 사촌 등 일가친척들이 연고가 되어 한 회사에 다니는 것은 예사였다.

오늘날 대기업으로 성장한 업체가 초창기에는 섬유산업이 주종이었다. 오늘날 '삼성'의 모체 기업이 제일모직이었고, '대우'도 봉제산업으로 2000년까지 김우중 씨에 의해 굴지의 대기업 종합상사로 컸으나, 알 수 없는 DJ 시절의 정치적 게임에 희생되었고 '선경'은 합성섬유 Polyester로, '효성'이나 '코오롱'도 Polyester와 Nylon의 원료 메이커로 대기업이 되었다. 일반 의류 제품 생산 수출로 대기업이 된 '대우', '신원통상', '신성통상'이 있었으며 오늘 날 스웨터 또는 니트 의류에 없어서는 안 되는 원료인 유일한 Poly Acrylic Fiber를 생산한 회사인 '한일합섬'은 아크릴섬유로 머리에서 발끝까지 사람에게 필요한 모든 제품을 생산하여 수출하였다. 한때는 아크릴 '담요' 하면 한일합섬을 떠올렸고 처녀들의 필수 혼수품일 정도로 아크릴 원료 솜(Fiber), 실(yarn), 원단(Fabric Cloth), 의류(Apparel), 집안의 침구용 담요(Blanket), 거실에 까는 카펫 등 전 품목을 생산하여 내수 내지 수출하였는데, 해마다 한일합섬 한 회사에서 '1억 불', '5억 불', '10억 불' 수출 실적을 올려서 회사 정문에 이를 기념하는 탑을 세워 그 위용을 자랑하였다. 이런 한일합섬과 같은 큰 회사는 부산의 서면 로터리 근교에 경남모직이라는 5000추짜리 소모방 공장을 창업한 1963년경 김한수라는 분이었는데, 경남 마산에 아크릴 플랜트 공장과 방적 공장을 지어

성공하면서 그의 연고지인 경남 김해에 제2의 방적 공장을 또 대구공장, 수원공장이 세워졌다. 그 시절(1970년 무렵) 생산현장에는 '동양의 듀폰회사가 되자!'라는 현수막 슬로건이 걸려 있기도 했다. 한 공장에 종업원이 4~5만 명이나 되었으니 출퇴근 시간에 출근 행렬이 장관을 이루기도 했던 그 유명한 한일합섬도 자수성가한 김한수 회장과는 달리 후계자들의 잘못된 경영으로 지구상에서 사라져버렸다. 한편 동시대에 같은 업종으로 무엇이든지 2등만 하면서 오늘날 '태광산업'이라는 굴지의 대기업군을 거느리고 있는 이 회사도 1963년에 부산 '가야'에서 조그마한 소모방 공장으로 시작하여 거대한 아크릴 방적공장과 울산의 아크릴 원료 플랜트 공장을, 나중에는 Polyester fiber의 플랜트, 마지막에는 스판덱스 분야까지 영역을 넓혔다. 언제나 먼저 시작하지 않고 남이 먼저 하는 것을 보고 판단하여 후발기업을 하면서 차분하게 키워 대기업으로 성장하여 오늘날 부산지방의 경제를 휘어잡고 있는 '태광산업'의 창업자는 김한수 회장과 동시대를 살았던 이임용이라는 분이었으며, 전성기 때는 아크릴 파이버 일산 케파가 150~200톤이나 되었는데 현재는 10톤 정도밖에 생산하지 않고 있다고 하니! 어떻게 됐건 간에 아크릴섬유로 인해 '태광산업'이라는 대기업으로 성장하였으나 언제나 일등을 하며 잘 나가던 '한일합섬'은 없어진 지 오래고 유일한 아크릴 플랜트를 가지고 있는 이 회사만 남았지만 역시 태광산업도 원료 플랜트 공장의 시설 용량 감축으로 원료 생산이 일산 10톤으로 줄었고 전형적인 노동 집약업종인 방적시설도 추수를 줄어 나가다가 궁여지책으로 공장 일부를 개성공단으로 옮겨 아크릴사를 생산하여 국내시장에 공급해 왔으나 개성공단 폐쇄로 인해 공급이 중단되자 그사이 실 수입업자들이 중국, 인도네시아, 태국 등에서 아크릴사를 수입하고 있고 아크릴 원료도 공급이 원활하지 못해 타이완 등에서 수입하고 있다. 아크릴 원료 중 안티필링 원료 등은 태광에서 이제 겨우 생산 공급하고 있으나 고급 특수 원료 등은 일본 미쯔비시사 원료를 아직도 수입 사용하고 있다.

Poly Acrylic Fiber는 미국의 Dupont사에서 'Orlon'이라는 상품명으로 처음 나왔으며, 유명한 미국의 Monsanto의 Monsanto Acylic과 그 외에도 Acrilan Creslan Zefran 등이 있었고, 일본에서도 아사히가제히공업(旭 化成)의 Cashmilon, 일본 엑스란사 Exlan, 도호(東邦)의 Beslon, 미쯔비시(三菱)레이욘의 Vonnel, 동양(東洋)레이욘의 Toraylon 및 Modacrylic계의 가네보(鐘紡)의 Kanekalon 등 5대 아크릴 메이커가 있었다. Cashmilon 브랜드로 유명한 아사히가제히 회사가 먼저 아크릴 화이버 생산을 중단하고 이어서 Exlan과 Beslon도 생산을 중단했으나, 아직도 미쯔비시레이욘사의 Vonnel과 토레이의 Torey Brand와 Kanekaron은 지금도 특수 기능성 소재를 생산하여 한국 시장과 중국 시장에 특수소재의 원료만을 생산 수출하면서 소재 시장을 장악하고 있다. 여타국으로는 독일 Bayel에서 생산하는 Dralon이라는 Brand가 있으며 한때 한국의 대유통상에서 독점 수입하여 Dry Acrylic의 특징을 살린 부드러운 터치감을 이용하여 Cachmere like라는 이름으로 판매하기도 하였다. 이외에도 대만 Formosa의 Tairylan, Tong-hwa(東華)의 Townflower 등의 아크릴 메이커가 있다.

우리나라의 아크릴 플랜트는 앞에서 언급한 대로 일본의 아사이가제히와의 기술 제휴로 한국의 한일합섬에서 'Cashmilon'이란 브랜드로 생산하다가 기술 제휴 및 브랜드 사용 계약이 끝나면서 'Hanilon'이란 브랜드로 이름을 바꾸었으나 브랜드 이름을 바꾸고 나서 20년(?)을 못 넘기고 문을 닫아야만 했다. 태광산업은 일본의 'EXLAN'을 사용하였으나 사용계약이 끝나면서 발음이 비슷한 'ACELAN'이라는 브랜드명을 사용하였다.

1970년대부터 90년대 중반까지만 해도 한일합섬과 태광산업에서 우리나라 아크릴 원료시장과 Yarn 시장을 거의 독점하던 시절에 소모방 공장에서 아크릴 원료를 많이 사용했던 회사로는 마산방직(후에 대유통상)과 청주방직(후에 서한모방)이었으나, 두 회사의 독과점 횡포가 심하여 아크릴 원료의 의존도를 줄이기 위해 무던히 애썼다. 청주방적에서는 미국의 듀폰회사와의 합작으로 Orlon 브랜드를 수입코자 했으나 그 당시 청와대에서 박정희 대통령 주재 하에 매달 개최하는 '수출확대회의'에 참석하면서 회의를 주도했다는 한일합섬 김한수 회장의 힘 게임에 무산되었다고 하였다. 한편 마산방적에서도 두 회사의 의존도를 줄이기 위해 무던히도 애를 쓰다가 1980년대에 미국의 몬산토 아크릴을 독점 수입하여 원사를 생산해서 100% 몬산토 2/32'S, 2/36'S를 생산하여 자체 방적기술의 개발과 염색기술의 문제점 등을 해결하고 일반 로컬 내지 내수 시장에 판매를 하였다. 그러나 Bulky사의 경우 태광의 Exlan과 한일의 Cashmilon과의 수축률(Shrinkage Rate)의 차(Cashmilon 25-26%), 즉 태광(Exlan 23~4%)인 데 비해 몬산토 아크릴은 터치는 좋으나 20%의 수축률 때문에 볼륨감이 약간 적은 데다가 결정적인 단점은 염착속도가 두 섬유에 비해 늦어서 염색 시간이 오래 걸리고 잔액이 많이 남으며 블랙같이 진한 컬러는 시간이 상당히 걸리는 등의 문제가 있어 캐시미론이나 엑스란에 길들어져 있는 기존 염색 공장에서의 컴플레인을 감당하기가 어려웠다. 마산공장에서 염색기술자가 서울에 출장을 와서 서울 근교의 염색공장인 한일염공과 우신염직 등에서 며칠씩 순회 기술지도를 하였으며, 결국 나중에는 마산공장의 책임자를 한일염공에 이직까지 시켜야만 했을 정도로 타 메이커의 원료로 아크릴사를 생산하여 한일과 태광사(絲)를 대적하기란 어려웠던 것이다.

아크릴사를 많이 생산하던 마산방직은 회사 자체에 스웨터 수출부가 있어서 원사의 60~70%를 수출부의 스웨터 수출용으로 공급하고 여유분만 타 스웨터 수출회사에 로컬로 판매를 하였기에 생산의 목표가 자체 수출용 사로 생산 개발이 최우선이었으므로 미국이나 유럽의 쿼터에 해당되는 일반적인 아크릴 발키사 2/36'S와

2/32'S의 12게이지용, 7게이지용 원사를 생산한 데 비해 청주방직은 일찍이 내수시장을 겨냥하여 원사를 생산 개발함으로써 원료 소재 선택에 있었어도 일반 노멀한 원료보다는 특수기능을 가진 원료를 통해 내수시장을 공략하는 쪽이었다. 이즈음 마산방직에서도 미주시장의 변화에 따라 100% 아크릴사에서 Wool 혼방사로 조금씩 바뀌어갈 무렵이었으나, 이미 청방에서는 일본의 미쯔비시 레이욘사의 'Anti-pill Type'의 아크릴과 Wool을 혼방하여 '안피롱'이라는 A/W사를 개발하여 내수시장에 내놓자 '안피롱'이라는 보푸라기가 안 생긴다는 실로 대 Hit을 치기도 하였다. 영어의 'Pill'이라는 '보풀'의 의미와 'Anti-'의 '안'을 합성하여 우리말화(化)하였는데, 안피롱사=안피는 사(보풀이 안 생기는 실)의 어감으로 단연 청방실을 꼽았으며 후발로 따라간 마산방직에서도 동일 원료를 일본 미쯔비시에서 수입하여 같은 조건으로 방적을 하였고, 실제 퀄리티는 다를 바 없어도 일찌감치 각인된 소비자들의 인지도는 상당히 오랜 기간 동안 청방 A/W사는 '좋은 A/W사'라는 대명사가 되기도 하였다.

2) 아크릴섬유를 생산하는 공장들이 왜 감산 내지 생산을 중단할까?

이렇게 잘 나가던 미국의 듀폰사나 몬산토, 일본의 아사히 가제히 등의 아크릴 원료를 생산하던 세계 굴지의 회사들이 왜 회사를 접거나 감산을 하는 것일까?

수요 공급의 원칙에 의해 모자라거나 아니면 남아서 단가 경쟁에서 탈락하거나 그 앞의 공정의 원자재 값의 폭등으로 단가를 맞출 수 없거나 싼 중국산의 공급 때문에 가격 경쟁에 밀려서 문을 닫아야만 했을까?

일산 150톤의 아크릴섬유를 생산하던 태광산업도 왜 10여 톤으로 줄여야만 했을까?

Poly Acrylic 섬유 중에서 소모방용 또는 면방용 Staple Fiber가 아닌 전 세계에서 유일하게 Filament 상태로 생산하여 스트레치 가공과 치즈 다잉 염색으로 니트용 원사를 공급하던 회사로는 일본의 아사히 가제히회사와 미쯔비시레이욘사의 두 곳이었다.

한국의 호혜섬유는 아사히 가제히로부터, 우암교역은 미쯔비시레이욘사로부터 Filament를 공급받아 국내에 Stretch 가공 및 염색을 해서 호혜는 'Puron'. 우암은 'Silparon'이라는 브랜드로 1983년부터 약 20여 년을 한국의 S/S용 원사를 독점하다시피 공급했다. 그렇게 회사를 키워 온 '호혜섬유'라는 회사도 아사히 가제히의 생산 중단으로 사양길을 맞고 있으며, 미쯔비시레이욘사 쪽으로 공급원을 바꾸어 계속 생산 공급했으나 'Puron'과의 차별화로 단가 경쟁에서 우위를 이기지 못하고 고전하다가 미쯔비시레이욘사마저 2011년 3월부로 생산을 중단함으로써 아크릴 필라멘트로 만들어진 '세리'라는 원사는 약 20년 이상을 한국의 S/S 원사로 여성/남성 캐주얼 브랜드, 여성 정장 마담 브랜드, Golf 브랜드 등에 부동의 원사로 국내시장을 구가했으나, 이 '세리'라는 Filament 대명사의 실을 공급하던 호혜섬유, 제일명품, 우암교역도 대체 사종을 찾지 못해 서서히 사양길로 가고 있으며, 호혜섬유는 소모방 시설에서 업종 전환을 시도하여 100% 소모사 및 A/W사를 생산하고 있으나 이 시설이 오히려 엄청난 부담이 되어 회사는 경영에 어려움을 겪고 있는 형편이다.

이처럼 왜 아크릴섬유가 세계적으로 감산 내지 생산 중단으로 가고 있을까?

이유는 아크릴섬유를 만드는 Acrylonitrile 값이 천정부지로 오르고 있기 때문이란다. 지금까지만 해도 아크릴 얀은 가격에서 싼 실이고 염색이 용이해서 구하기 쉬운 실이었다. 그러나 앞으로 그런 생각은 버려야만 한다. A/N 모노마 값이 오르니 자연 실 값도 해마다 20~30% 이상으로 오르고 있어 가격 면에서 여타 섬유에 비해 싼 실이 아니고 또 늘 있는 실이 아니어서 구입하기가 점점 어려워지고 있다.

이 아크릴사의 원료인 아크릴로니트릴은 원유의 정제 과정에서 생기는 나프타에서 얻어지는 것으로 플라스틱, 즉 수지(Resin)를 만들기도 하고 섬유, 즉 Textile 쪽으로 갈 수도 있다고 한다. 섬유 쪽의 수요가 줄어들면 단가가 내려갈 수도 있는데 오히려 반대로

IT 산업의 발달로 플라스틱 소재가 늘어나면서 섬유 쪽보다 수요가 폭발적으로 증가하고 있고, 오히려 채산성도 수지(樹脂, Resin) 쪽이 섬유 쪽보다 훨씬 좋기 때문에 가격이 올라도 Acrylonitrile이 수지산업으로 공급되고 있다고 한다. 한편 똑같이 수지 쪽으로 가기도 하고 Textile 쪽으로 가기도 하는 Polyester 섬유의 원료인 TPA(Tere- phthalic Acid)의 가격이 Acrylonitrile 가격의 약 절반 정도로 싸기 때문에 Polyester Fiber 섬유가 단가 경쟁에서 유리하여 Poly 쪽 섬유는 계속해서 발달되면서 새로운 기능성 소재들이 계속 나오고 있으면서 아크릴 섬유시장을 잠식하고 있는 것이다.

지금까지 스웨터, 니트 시장에서 부동의 섬유로 약 30여 년을 사용하여 온 아크릴섬유는 정말 좋은 섬유이다. 우선 단가가 쌌다. 양모섬유와의 혼방이 용이하여 이 섬유와 섞어서 실을 만들면 Wool과 흡사한 터치를 내면서 보온성이 우수한 A/W 혼방사를 무궁무진하게 만들어낸다. 가격이 비교적 저렴한 의류도 반대로 고급 의류도 만들어낼 수 있으며, 타 섬유보다 염색료가 싸면서 화려한 색상을 얼마든지 연출하면서 일반 행크 다잉, 치즈 다잉 원단염색 또는 원료염색 등 기종에 관계없이 염색이 가능하며 다품종 소롯드로 얼마든지 할 수 있어 여러 가지 분야의 기획 생산이 용이하였다.

이에 비해 Polyester 섬유는 주로 직사(Woven Fabric) 쪽으로 용도가 한정되면서 100% Poly 원단, Wool과의 혼방으로 신사복지류 쪽으로, 스웨터 쪽이 아닌 환편직물 쪽으로 쓰임새가 늘어나면서 염색도 주로 고압이 걸리는 치즈 다잉이나 원단 염색 쪽으로 발달되어 온 것이다. 일반 편사 쪽으로 원사를 만들면 염색은 행크 염색 쪽으로 가야 하는데 일반 행크 염색에서는 고압 염색이 불가하므로 자연히 스웨터 쪽의 원사로는 사용이 불가능하게 되어 Polyester 섬유는 편사용(編絲用) 원사로 사용이 자제되어 온 것이다.

3) 앞으로 아크릴 얀 자리는 어떤 종류의 실로 대체될까?

오늘날 Polyester 섬유도 급속한 발달로 온갖 종류의 섬유가 개발되고 있다. 이 중에서도 아크릴염료로도 염색할 수 있는 실, 즉 Cation Dyeable Polyester가 개발되어 일반 행크 염색 공장에서 아크릴 염색과 같은 방법으로 염색이 가능하게 되었다. 아크릴섬유 대신 이 Cation 폴리에스테르섬유로 여타 섬유와 혼방하여 고압 염색이 아닌 일반 행크 염색기에서 염색이 가능한 혼방사들이 나오고 있으며, 방사(紡絲) 기술의 발달로 아크릴 섬유에서 불가능한 초극세사인 0.5데니어까지도 생산이 가능함으로써 소프트한 터치는 타 섬유의 추종이 불가능하며, 또 섬유 단면(斷面)을 자유자재로 여러 가지로 만들 수 있어 일반적인 원통형(圓筒型)에서 사각(四角) 단면, 직사각(FLAT), 누에고치형 Cocoon(Bone), T형 단면 등

Multiple한 단면이 가능해졌다. 이후 모세관 원리를 이용한 수분 흡습성이 용이하고 빨리 마르는, 즉 흡한 속건성(Absorbing sweater quickly & Drying efficiently)의 섬유들이 개발됨으로써 스포츠 분야의 모든 의류 및 등산복 등 땀을 많이 흘리는 모든 의류에 필수 불가결한 섬유로 자연섬유의 Wool과 Cotton의 흡습성을 대신하는 Polyester섬유가 그 자리를 대신하고 있는 것이다.

화학섬유 또는 합성섬유는 물을 빨아들이지 못하기(흡수율이 낮기) 때문에 헝겊이나 걸레로도 쓸 수 없어 최종으로 의자 시트 안의 '쿠션'으로 쓰이다가 그것도 스펀지에게 자리를 내어주고는 비닐하우스 덮개, 펠트 용도로만 쓰이고 있을 뿐이다. 걸레로도 못쓰던 합성섬유가 이젠 극세사의 개발로 모든 청소용 마룻바닥 밀개, 걸레에서부터 기계로 이용하는 각종 청소 도구의 걸레에는 필히 Polyester 섬유가 그 자리를 차지하고 있다.

아크릴 염료로 염색이 가능한 Polyester섬유가 나오긴 했어도 아크릴처럼 색깔이 아름답지 못하며, Dark한 계열에서는 약간 문제가 있긴 해도 끊임없는 연구 개발로 새로운 소재들이 계속 나오고 있다. 고압 고온 130도에서만 염색되던 Polyester섬유도 이제 저온에서 염색이 가능한 염료들도 일부 나오고 있으며 우리나라의 Polyester 메이커인 효성 휴비스 등에서 흡한 속건의 기능성 소재로 효성의 Airocool, 휴비스의 Coolever, 코오롱의 Coolon, 수입사종으로 대만의 Coolmi, 듀폰의 Coolmax 등 새로운 기능을 필요로 한 소재들이 나오고 있어 아크릴섬유의 자리는 물론 Wool과 Cotton의 자리까지도 잠식하고 있다.

2011년 이후 우리 스웨터 업계에서 사용하는 원사에 큰 변화가 일고 있다.

앞에서도 언급했지만 아크릴섬유의 사종(絲種) 중 Filament로 만들어 S/S사 용도로 많이 사용되었던 'Serie'사의 공급원인 미쯔비 시레이욘사에서 2011년 3월부터 공급 중단으로 S/S사의 시상에 일대 변화가 일고 있는 것이다. 지난해부터 미리 예고는 되었던 것이었으나 아크릴 Filament를 대신할 소재로 Rayon과 Polyestser Filament로 또는 아세테이트 등으로 대체할 수밖에 없는 것이다. Rayon은 우리나라에 '원진레이욘'사가 있었으나 생산을 접고 시설을 중국으로 이설한 지 오래여서 중국에서는 전량 Filament 상태로 대부분 수입하고 있고, Spun Yarn(방적사)은 주로 인도네시아 등지에서 수입하고 있으며, 중국에서 수입한 Rayon Filament와 한국에서 생산되는 Polyester filament 등을 이용한 각종 연사물들이 물밀 듯이 쏟아져 들어오고 있으며 연사 방법에 따라 커버링 방식, 인터밍글 방식, 일반 복합연사기 방식 등에서 소재로 Rayon filament 150, 120, 100 75D와 Polyester Filament의 50, 75, 100D를 이용한 합연(合撚)방식의 실 또는 Polyester Film(Metal Yarn)과 합연하여 Film의 Spark한 효과를 낸 실들이 구분이 어려울 정도로 많은 종류의 실들이 쏟아져 나오고 있다. 이들 실들은 큰 자본과 시설을 요구하는 것이 아니기 때문에 일반 소규모 영세 원사 상인들이 서울 근교의 소규모 연사공장들을 이용해서 생산이 가능하므로 더더욱 난립해 있어 품질의 안정성·균일성과 원활한 생산·공급성이 안 된 채 실들이 난무하고 있어 어떤 실을 샘플사로 사용했다가 본 작업용으로 사용했을 때 제기될 수 있는 문제점들을 안고 있어 초기 원사 선택에 상당한 고려를 해야 하는 형편이다.

이렇게 만들어진 실들을 사염(Hank Dyeing) 방식으로 염색을 해야 하는 공장들은 형편이 더 말이 아니다.

Polyester Filament를 이용해서 만든 실이기 때문에 일반 행크 염색공장에서 염색이 불가능하다. 염색 시 온도가 130도 이상 올라가는 고압 염색기가 필요하다. 고압 행크 염색기나 원료 염색을 하는 고압식 염색기의 캐리어를 뺀 기계에 행크를 차곡차곡 쌓아서 하는 고압 염색기(오바마야)에서 주로 염색하는데 이들 염색공장들은 고급 의류용 실보다는 Polyester로 만들어진 커튼용 Tape사나 Rope류 등을 염색하는 시설이어서 색상의 정밀도 레시피를 필요로 하지 않기 때문에 실험실을 두고 B/T 테스트를 하면서 Data 관리를 하는 염색 공장들이 잘 없고 현장 기능공들이 대충 겸하고 있어 정밀한 컬러를 낸다는 것이 약간 문제가 있을 정도의 수준이었으나 국내 효성 휴비스 등에서 폴리에스텔 섬유의 기능성 섬유가 개발 생산되고 있어 이들 원료를 사용한 개발사들이 원사 시장에 많이 나오게 되면서 외면하던 일반 행크 염색공장에서 폴리에스텔을 염색할 수 있는 고압 행크염색기와 실험실 시설을 보완하여 실험실에서 B/T를 잡아 색상 콤펌에 의해 염색하는 시스템을 갖춘 염색공장들이 서울 근교의 몇개 공장에서 100% 폴리에스텔사 또는 폴리와 혼방사를 염색할 수있게 되어서 향후 폴리 고압 염색기를 갖춘 공장들이 계속 늘어날 것으로 예상된다.

지금까지 아크릴 필라멘트를 이용한 세리류의 염색은 20여 년의 역사를 갖고 호혜섬유 및 제일명품, 우암 등에서 자체 치즈 다잉 염색공장을 갖추고 염색을 하면서 Dyed on Cone 상태로 최종소비자에게 공급해 왔다. 이들 회사 공장들이 사양의 길로 가면서 아크릴사의 공급이 중단되거나 타 사종으로 가는 과정을 밟아야겠지만 아직은 전망이 불투명한 형편이다.

이들 치즈 다잉 염색 시설을 이용한 Polyester 및 Rayon과 교연한 각종 실들에 대한 염색 기술이 개발되든지 해야만 가능하며 일반적으로 레이온이 들어 있는 섬유는 치즈 다잉 염색 시스템으로는 염색이 어려우며, 레이온이 물에 들어가면 팽윤 현상이 일어나 치즈가 딴딴해져서 염료 침투가 어려워 염반이 나는 것으로 되어 있다. 그러나 이들 치즈 다잉 염색시설에서 레이온사는 염색을 지금은 크게 어려움 없이 치즈다잉을 하고 있으나 염색 단가면에서 상당히 고가여서 고압 행크로 염색하는 공장이 늘어나면 이들 치즈 염색공장들은 단가를 낮출 수 있는 연구 개발이 당면 문제이기도 하다.

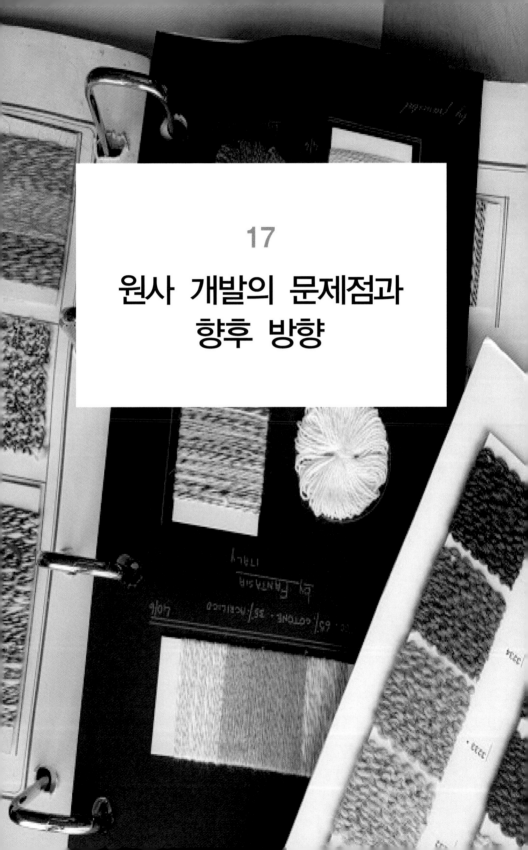

17

원사 개발의 문제점과
향후 방향

원사 개발의 문제점과 향후 방향

1) 섬유 기반산업이 무너지고 있다

섬유산업의 전성기로 1980년대부터 90년대까지로 본다면 우리나라 화섬 플랜트회사들의 화학섬유 소재 산업분야의 Filament 및 Staple Fiber의 생산 케파 및 한국 면방적업계 시설규모인 방적추수, 소모방업계의 설비 추수 그리고 방모시설의 뮬(Mule)카드(Card) 시설 현황 및 사염시설 현황을 최근 2003년의 시설 현황과 비교하였다.

면방시설의 연도별 현황

구분 연도	정방기 추수			면직기 대수		
	연발보유	연중증설	전년대비증가율	연발보유	연중증설	전년대비증가율
1986	3,313,420	13,152	0.4	28,303	966	3.5
87	3,491,774	178,354	5.3	28,188	115	1.4
88	3,584,472	92,698	2.6	27,527	661	2.4
89	3,698,552	114,680	3.1	26,912	615	2.3
90	3,686,260	12,292	3.4	23,892	3020	11.3
2003	1,689,000			1362		

※ 2008년 1월 현재 1,150,912추: Ring 정방기

　13,268추: O.E 정방기 계 1,230,652추

화섬생산설비 연도별 추이

품명	1987년	1988년	1989년	1990년	2003년
Acrylic	514	539	539	539	399
Nylon	F: 426.8 S: 15	439 15	482 15	538 15	668 9
Polyester 장섬유	849	1095	1214	1305	4282
Polyester Staple	819	895	1023	1145	1944
Viscose	32.2	33	33	33	
Acetate	F: 5.5 Tow: 17.0	7 18	13 20	13 20	
계	2678.5	3041	3339	3608	7302

소모방 정방기 추수의 연도별 추이

연도별	총 추수	증감	회원 수	연평균 추수	증감(%)
1983	903,468	47,484	27	33,461	5.5
1984	869,496	33,972	24	36,229	3.8
85	809,048	60,448	24	33,710	7.0
86	869,928	60,880	24	36,247	7.5
87	885,592	15,664	26	34,061	1.8
88	960,900	75,308	31	30,997	8.5
89	975,544	14,744	31	31,472	1.5
90	1,001,964	26,320	31	32,321	2.7
2003	538,000				

방모방 시설의 연도별 추이

	1985년	1986년	1987년	1988년	1989년	1990년	2003년
뮬 정방기	151,577	160,575	171,083	179,345	178,333	183,341	138,957
증감	6,240	6,898	10,508	8,262	1,012	5,008	7,576
링 정방기	294	306	320	330	327	334	323
증감	12	12	14	10	−3	7	−9
모직기	692	684	668	693	713	587	206
증감	−54	−8	−18	27	20	−126	−14
방모카드기	258	266	288	292	286	293	198
증감	11	8	14	12	6	7	11
염색기	125	141	171	171	254	242	140
증감	−10	16	30	−	83	−12	−14
폭출기	11	11	14	15	17	15	16
증감					2	−2	−5

사염 염색기의 연도별 추이

구분	1986년		1987년		1988년		1989년		1990년		2003년	
	대수	구성비	대수	구성비	대수	구성비	대수	구성비	대수	구성비	대수	구성비
행크	132	9.3	287	21.5	220	15.6	212	14.8	181	14.2	122	13.9
스프레이	561	39.7	504	37.8	534	37.8	527	36.9	402	31.5	129	14.11
치즈	467	33.0	339	25.4	384	27.2	413	28.9	514	40.2	468	53.4
스페이스	5	0.3	3	0.2	12	0.85	4	0.2	2	0.15	6	0.7
톱	141	10	86	6.5	129	9.1	111	7.8	75	5.9	40	4.6
기타 염색기	107	7.5	115	8.6	133	9.4	163	11.3	102	8	111	12.7
계	1413	100%	1334	100%	1412	100%	1430	100%	1276	100%	876	100%

위의 자료에서 보는 바와 같이 화섬산업은 우리나라 굴지의 대기업에서 화학플랜트공장을 가지고 섬유산업을 이끌어 왔으며, 이중 Acrylic Fiber를 생산했던 한일합섬은 세계적인 시설 용량을 자랑하면서 1960년대부터 90년대까지 한국 섬유 수출시장 및 내수시장을 점령하고 있었으나 지금은 폐업하여 아크릴 화이버를 생산하지 않고 있다. 태광산업은 일부 울산공장에서만 일산 160톤 정도를 생산하고 있으며 Nylon Fiber는 거의 생산 중단 상태이고, Polyester Fiber 삼양사와 SK케미칼과의 통합법인 Huvis에서 여러 가지 기능성 소재를 생산하면서 Woven 직물 쪽에 새로운 소재들을 많이 개발해내고 있어 그나마 다행한 일이라 할 수 있다.

우리나라 섬유산업의 효시는 면방산업부터이다. 이름만 들어도 쟁쟁한 경성방적, 충남방적, 윤성방적, 조선방적, 대농, 전방, 갑을방, 삼일방 등 약 400만 추의 대단위 시설을 가동하였으나 지금은 충방, 전방, 대농, 영방, 삼일방 등 100만 추 정도가 가동되면서 주로 세사(Fine Count) 위주 및 화섬, 즉 모달, 탠셀 등과의 혼방사 등으로 중국과의 차별화 또는 일부 업체의 Open-End Spinning시설로 특화를 기하고 있으나 현재 명맥만 유지하고 있을 뿐이다.

소모방 역시 잘 나가던 80년대에는 제일모직에서는 Wool Top 1PP Type으로 소모사 100'S를 세계 3번째로 개발, 제직가공을 하여 신사복지의 꽃을 피우기도 하였다. 이어 도남모방, 경남모직 등에서 100수를 생산하였으며, A/W 혼방 소모사로서 청방에서 안티필링사(Anti-pilling)를 개발하였으며, 이후 마산방직(대유통상)에서도 개발하여 A/W 편사시장을 석권하였다. 또한, 신한모방, 현대모직 등이 후발기업으로 편사시장에서 회사별로 다양한 소재들을 선보이면서 Knit, Sweater 시장에서 다양한 소재들이 많이 나와 형편기 업계의 스웨터 시장 및 환편기 업계의 니트 시장에서 마음껏 실을 종류별로 사용할 수 있었던 시절이었다.

편사시장에서 소모방업체로서 청방과 마방(대유)은 A/W의 퀄리티 면에서 우위를 점령했다면 한일합섬이나 태광산업은 A/W편사시장에서 원료 Maker의 장점 때문에 비교적 저렴한 가격과 물량공세로 시장을 잠식하기도 하였다.

양모방적 중 방모방 업체에도 자그마치 87개 업체에서 방모카드 및 뮬 정방기 또는 태사 Ring정방기에서 Shetland Wool Lambs Wool yarn 등의 편사 원사는 물론이고 홈스판 직물, 파일 오버지, 코트지, Wool 모포지, 여성 정장용 양장지 원사를 비롯한 각종 최고급 원사 원단을 방모원사에서 생산하였으나 지금은 쇠락할 대로 쇠락하여 서울지역에는 태림모방만 남아 있고 부산지역에서는 한성, 극동, 삼원, 삼양, 부광, 대광, 남승, 남산 등 몇개 업체만 남아 명맥을 유지하고 있다.

유일하게 대영모방에서 중국 청도에 진출하였으나 지금은 중국도 만만치 않게 인건비가 상승하여 이를 견디지 못하고 공장을 접고 말았다.

염색업체 중 스웨터 및 니트 업체에 주로 원사를 염색사로 공급한 염색공장으로서 전국적으로 한창 번창할 때는 180여 개 업체가 난립한 때도 있었으나, 지금은 겨우 15개 업체만 남아 가동을 하고 있다. 그러나 지금도 주문 수주가 없어 가동률이 50~60%선에서 유지하면서 가동하고 있으며 금년 들어 벌써 2개 업체가 문을 닫았고, 다음은 어느 업체 차례라고 소문이 나 있을 정도로 상태가 극히 비관적인 상태로 금년 1/4분기를 맞이하고 있는 실정이다.

2) 섬유산업의 쇠락 원인과 향후대책

이렇게까지 급속도로 섬유산업이 쇠락한 원인은 여러 가지가 있겠지만 국가 차원에서 아무 대책 없이 사양 산업으로 규정하고 다음 단계인 첨단 패션산업 및 첨단 소재 섬유산업으로 점진적으로 방향을 바꿀 수 있는 기회 및 환경을 만들어주지 않아서라고 본다.

1960년대 초부터 90년대 말까지 이탈리아, 독일, 프랑스 및 일본 등의 섬유기계를 도입하면서 30여 년 동안 발달된 선진기술을 도입함으로써 우리 기술로 축적하여 한때 우리나라 수출실적의 1/3 이상을 섬유가 차지하였고 5천 불, 1만 불까지의 국민소득을 올리는 데 섬유산업이 지대한 공헌을 하였다. 오늘날 우리가 이 정도의 삶을 살 수 있는 가장 큰 기여를 한 것이 섬유산업이었으나, 80년대 후반부터 서서히 불기 시작한 노동운동이 1990년대 중반 들어 대기업 섬유회사들의 노동조합이 민주노총, 한국노총 등으로 양분되면서 생산현장의 요구사항이 급격하게 늘어났다. 그러면서 기업들은 인력을 많이 요구하는 부서 공정부터 구조조정을 단행하기 시작하여 필수공정만 남겨두는 형태로 단위부서의 공정별로 분업화, 소사장제도로 메인공장에서 떨어져나가기 시작했다. 방적회사는 단사(單絲)만 생산하는 정방(精紡) 공정만 남고 연사(撚絲), 인사(타래 만드는 공정), 타래 염색 후 실을 풀어 콘 치즈로 만드는 해사공정들이 소규모 세분화되면서 개인 자영공장업체로 전락함에 따라 각 분야에서 구조조정이라는 이름 아래 숱한 기술자들이 20년, 30년 된 일자리를 잃고 퇴사를 당했고, 회사는 해외 진출이라는 이름으로 인도네시아, 베트남, 중국 등으로 진출하였다. 때마침 불어 닥친 중국의 개방으로 30여 년 동안 축적된 우리 섬유기술들이 아무런 대책 없이 마구잡이로 로열티 한 푼 받지 못하고 중국에 이전되었다. 우리나라는 30여 년 동안 일본, 이탈리아, 호주 등에서 양모가공기술, 모직물 가공기술, 방적기술들을 이들 국가에서 국가 간, 회사 간 또는 기술자들에게 고액의 로열티 또는 연봉을 줘가면서 배워 축적된 기술을 퇴출당한 개인기술자들이 중국에 취업이라는 이름으로 헐값에 국가적으로 아무런 걸림 장치 하나 없이 그냥 마구잡이로 넘겨주었다. 이로써 모직물가공기술, 방적기술, 염색기술, 편직기술 등이 한꺼번에 단시일에 넘어가 30여 년에 걸쳐 축적된 우리 기술들이 10여 년도 안 되어 중국에 다 넘어가버려 이제 이들로부터 모든 섬유 분야에서 제품들이 역으로 한국에 수입되고 있는 실정이다.

이런 상황에서 패션을 주도하는 대기업 패션의류업체들은 한국 섬유산업의 기반이 무너져가는 중소제조업체들의 실정은 아랑곳하지 않고 오직 제조원가를 싸게 만들어서 이익을 많이 남겨야 하는 회사의 목적에 맞추어 중국 현지 자가 생산이라는 미명 아래 중국 현지시장조사를 하여 원사는 어디에 있는 어떤 방적회사의 원사를, 염색은 어느 공장에서 해서 중국 현지에 진출해 있는 자가 공장 또는 OEM 봉제공장 편직공장에서 만드는 것까지 결정하여 한국으로 수입하거나 현지에서 바로 수출해버리니 우리나라의 섬유산업은 갈수록 쇠락해 갈 수밖에 없는 실정이다. 그러나 지금은 중국 시장도 제조경비의 급격한 상승으로 2010년 이후부터 제조시설들을 베트남, 미얀마, 캄보디아 등지로 옮기는 잠깐 동안 국내시장이 잠시 활성화된 듯하였지만 우리나라 기능인력의 급격한 노령화 문제가 해결되지 않는 한 섬유산업의 전망은 불투명할 수밖에 없다.

3) 사염 염색공장의 문제점과 개선책

(1) 패션업체에서 요구하는 새로운 소재의 원사를 어떻게 개발할 것인가?

현재 패션업체에서 개발을 요구하는 원사들은 아직까지는 원사업체에서 거의 100% 개발이 가능하다. 물론 일부 소재들은 중국 소재를 사용하거나 원사를 사용하는 경우도 있지만 국내 소모방이나 방모방 또는 면방이 아직은 그래도 명맥은 유지하면서 생산은 하고 있으며 팬시 얀(Fancy Yarn) 업체도 어렵기는 하지만 가동은 하고 있어 어떤 종류의 혼방사나 팬시 얀들을 만들 수 있다. 예를 들면 특수소재의 화섬원료에 면과 혼방하거나 양모와 혼방한 면 혼방사 소모 혼방사를 개발하거나 방모혼방사를 개발 생산하는 것은 얼마든지 가능하며 Fancy Yarn으로 Boucle Yarn, Tam Tam Yarn, Slub Yarn 종류는 물론이고 이들 Yarn을 이용한 변형된 의장 Fancy 얀 등 각종 Tape Yarn 날개사(Feather Yarn), Tube사 등도 생산이 가능하다. 또 방모공장에서는 중국과의 차별화로

100% Wool 최고급 세번수로 26~30수까지 생산하고 있으며, 수입 Cashmere 또는 Alpaca Mohair Silk Angora 등과 혼방사로 화려한 컬러 북을 만들거나 얀 트렌드 북을 만들어 의류업체의 기획에 충분히 대응해 나가고 있다.

그러나 패션업체에서 요구하는 어떤 종류의 원사도 원사업체에서는 개발이 가능한데 가장 중요한 색감과 질감에 직접적인 영향을 미치는 사염 염색분야의 염색공장은 기술적으로는 나름대로 축적되어 있으나 워낙 영세하여 시설이나 기술 면에서 새로운 소재에 대한 정보 염료 염색기법 새로운 기계설비와 자동화 시설의 접목 등이 따라 갖추지 못하는 실정이다. 사염 염색문제만 집중적으로 지원 개선책을 강구하면 새로운 소재의 개발사에 대해 퀄리티나 원가 면에서 지대한 상승효과를 그리고 염색공정의 작업 표준화 등으로 품질 안정을 얻을 수 있어 원사의 '사염 염색공장'의 문제점을 집중적으로 연구 개선책을 강구하면 당면한 섬유 수출 확대 및 내수시장 확대에 이바지할 수 있을 것이라 여겨 이를 집중적으로 연구 개선하고자 한다.

(2) 현 염색공장의 문제

행크 염색공장이 많을 때는 전국에 180여 개 업체가 있었으나 현재 수도권을 중심으로 시화염색공단, 반월염색단지, 양주검준공단 기타해서 15개 염체가 분산되어 있으며 이들 공장 등이 가지고 있는 설비는 미주지역에 한창 수출을 많이 할 때의 염색기 설비인 500kg, 300kg 용량의 염색기를 대량 오더 수출 때의 환상을 버리지 못한 채 설비들을 개체하지도 못하고 가지고 있으며 큰 오더들은 중국에 다 빼앗기고 100kg 미만인 50kg, 30kg, 10kg의 소량 오더에 목을 맨 채 오늘도 하루하루를 연명하고 있는 것이 오늘날 사염공장의 형편이다. 문제점들을 열거하면 다음과 같다.

첫째로 수출업체의 수출물량이 절대적으로 감소하여 염색료가 싼 중국으로 이전되었으며, 또 국내 대기업 의류업체의 내수 오더도 대량 오더는 중국에서 방적, 염색, 의류 제조까지 해서 메이드 인 차이나로 국내에 수입 판매하는 실정이며, 긴급 소량 리오더만 국내 염색공장을 이용하고 있다.

둘째로 염색공장의 설비상의 문제로 대량 오더 500kg, 300kg 때 기준으로 설비가 되어 있으나 다품종 소롯드에 발 빠르게 시설 개체를 하지 못한 채 소량 오더를 원가절감에 맞추어 염색할 수 있는 시설 개체가 미흡하며 자동화시설들도 아직은 태부족한 실정이다.

셋째로 실험실에서 얻어진 데이터에 의한 컬러를 디자인실에서 Confirm했으나 나중에 본 오더의 색상이 Confirm한 컬러와 색상 차가 자주 발생하는 현장 설비의 자동화 문제와 작업표준화에 의한 염색 재현성(再顯性) 문제 또는 리오더 컬러의 색상 차 문제이다. 셋째 문제는 우리나라 행크염색공장의 절박한 현실이므로 근본문제 해결을 위한 업계 및 관련업 단체 협회 등에서 시설자동화을 위한 연구개발지원책이 있어야 할 문제이기도 하다.

넷째로 면 Linen Viscose Rayon 등 신소재 Modal Tancel과 같은 식물성섬유와 재생 신소재섬유의 염색시간 단축 문제이다.

통상 면 또는 Acrylic/Cotton 혼방사의 염색은 저온염색으로 우선 공정을 보면 정련 또는 Breaching 공정으로 온도 100℃까지 1시간 정도 소요되고, 본 염색시간 60~80℃ 2시간 정도 Soaping 공정 100℃ 1~2시간 후처리공정으로 세척 유연처리 1시간을 합치면 무려 5~6시간이 소요된다. 한 공정이 끝날 때마다 물을 빼고 새 물을 주입하며 승온(昇溫)을 해야 하는 등 용수 소비 및 열 손실 등으로 발생하는 공정비를 절감할 수 있는 방법을 연구하면 엄청난 염색원가를 절감할 수 있다.

다섯째, 다품종 소 Lot의 소재로 바뀌면서 두 가지 이상의 물성이 서로 다른 소재로 혼방하거나 두 종류 이상의 소재로서 연사 또는 Fancy Yarn을 만드는 사종이 많아지면서 소재별로 물성에 따라 염료 종류가 달라지고 염색방법이 까다로워지며 색상 맞추기가 어려워지고 있어서 시험수(試驗手)에 의한 피펫 방식으로 컬러 매칭하여 데이터를 찾기가 힘들어지고 있어서 시험실 기구의 고급화로 CCK, CCM과 같은 컬러 자동 피펫용 시험기, 컬러 자동 분석데이터기로 컬러의 정확성, 신속성, 재현성으로 많은 컬러들을 소화해내야 한다.

18

인조섬유 단면
(斷面, Cross Section)의
종류와 특징

18 인조섬유 단면(斷面, Cross Section)의 종류와 특징

일반적으로 인조섬유는 단면이 원통형(圓筒型, Circle)이나 여러 가지 물리적인 성능을 부여하기 위하여 여러 가지 단면으로 방사(紡絲)되고 있어 종류가 다양한 단면 모양들의 인조섬유(화학섬유)로 생산되고 있다. 특히 Poly Acrylic Fiber는 물론이거니와 Polyester Fiber의 기능성 소재의 발달로 여러 가지 다면형의 원료들이 나오고 있다(참고 사진: 일본 미쯔비시레이욘의 Vonnel과 Finel 기술 매뉴얼에서).

1) 원통형(圓筒型, Circle Type)

일반적인 화섬(化纖) Fiber의 단면으로, 둥근 원통형임

원형 (CIRCLE TYPE)

2) 고치형(Cocoon Type 혹은 Dog Bone Type)

아크릴에서 일반적인 습식 방사 시스템이 아닌 건식방사(乾式紡絲) 시스템에서 생산되는 일본의 미쯔비시레이욘사의 Finel과 독일 Bayel사의 Dralon의 대표적인 단면이며 원형보다 표면적이 넓어서

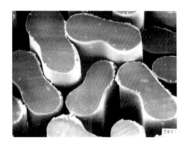

COCOON TYPE(BONE TYPE)

습기를 빨리 발산시켜 건조가 빨리되는 장점이 있으나, 방적 시 정전기를 많이 발생하므로 생산속도를 습식원료 시보다 10~20% 저속으로 생산해야 함.

3) 직사각형(直四角型) 또는 Flat Type

직사각형 Type의 단면의 섬유는 Linen(아마) 또는 Ramie(저마 모시)와 같은 약간의 피부에 까실한 느낌을 갖도록 한 것이며 Tape 모양의 납작한 Flat Type은 Kempy 타입의 Animal Like한 효과를 내도

FLAT TYPE

록 한 것으로 Boa 또는 Hi-Pile용 원료들이 여기에 속한다.

4) 완두콩형(Bean Type)

물성이 다른 두 성질의 물질을 한 노즐에 방사한 모양으로, 아크릴 Conjugate Type의 아크릴섬유가 이 Type에 속하며 염색을 하면 꼭 Wool과 같은 터치를 낸다.

완두콩 (BEAN TYPE)

5) Y형(또는 T형)

Mohair 또는 Alpaca와 같은 수모(獸毛)섬유 터치와 광택이 나도록 만든 타입으로, 일본 가네보 사의 Kanekaron이나 Vonnel 타입이 이에 속한다.

Y TYPE

6) 다면형(多面型, Multi Cross Section Type) 또는 다공질(多孔質, Void-full Type)

사진에서 보는 것처럼 단면이 일정한 모양이 없는 다면형으로, 고목나무가 오래되어 말라서 표면 틈새가 갈라져 있거나 날카로운 칼로 칼질을 한 것 같은 단면인 실을 만들었을 때 섬유와 섬유 사이에 미세한 공간이 많아 모세관 원리에 의한 흡습성이 대단히 우수하며 표면적이 넓어 수분 발산이 빨리되는 대표적인 흡수(吸水) 흡한 속건(吸汗速乾)성 섬유의 단면 형태이다.

다면형 (MULTI TYPE)

7) C Type

흡습 섬유의 한 단면 중의 하나로, 가운데 Pipe 모양의 중공(中空)에서 칼질을 해서 단면의 한쪽을 C형으로 따낸 형태로 모세관 원리에 의해 흡습이 잘되며, 특히 카펫용 원사로 사용했을 때는 눌린 자국이 빨리 원상회복되는 장점이 있다.

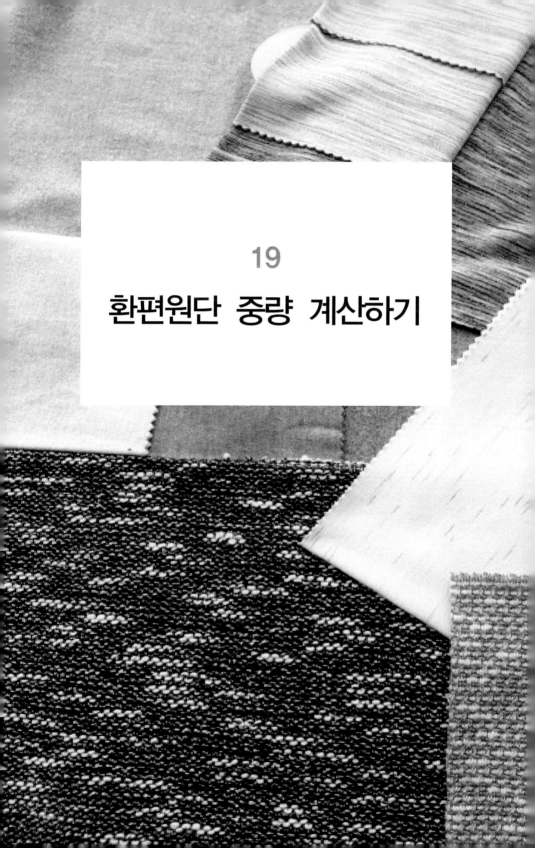

19

환편원단 중량 계산하기

 환편원단 중량 계산하기

1) 원단 예상 중량 계산하기

샘플 SWATCH를 가지고 소재를 분석하고 난 다음에 최종 원단
을 짰을 시 예상되는 YDS 당 중량을 알아야 그 원단의 예상 원가
계산을 할 수가 있다.

통상 환편원단의 남은 짜투리 원단으로 Original 원단의 yds 당
중량을 다음과 같이 계산한다.

(1) 가위로 SWATCH를 반듯하게 직사각형이 되도록 자른다.

(2) 가로 세로를 정확하게 자로 잰다.

(3) 정밀 저울로 중량을 정확하게 잰다(1/100g까지 계량할 수 있는 저
울일 것).

(4) 원단의 가공 후의 폭(60인치) 길이(36인치)때의 예상 무게를 계산한다.

어떤 SWATCH의 가로 세로 및 무게가 다음과 같다.

가로(A) 13cm 세로(B) 7cm에 SWATCH 무게(C) 4.233g이다.

이 환편 직물의 YDS 당 중량을 계산하여 보자.

계산공식

다음과 같이 비례식으로 계산할 수가 있다.

원단의 폭과 길이를 인치 단위에서 cm 단위로 바꾼다.

   폭(WIDTH)   길이(LENGTH)

(60inch × 2.54cm) × (36inch × 2.54cm) : X = SAMPLE SWATCH

가로 cm × 세로 cm : SAMPLE 무게

(152.4cm × 91.44cm) ; X = (A × B) : C

13,935.456 : X = AB : C

$$X = \frac{13,953.456 \times C}{AB} \quad 즉 \quad \frac{13,953.456 \times 샘플원단무게}{샘플가로 \times 세로}$$

* 원단의 60인치 폭일 때의 cm :   60 × 2.54cm = 152.4cm

* 원단의 36인치 기장일 때 cm :   36 × 2.54cm = 91.44cm

* SAMPLE 원단 무게 4.233 g

* SAMPLE 원단 가로 × 세로   13cm × 7cm = 91

 일 때 비례식으로 계산한다.

$$(152.4 \times 91.44) : X = (13 \times 7) : 4.233$$

$$13,935.456 : X = 91 : 4.233 \qquad 91X = 13,935.456 \times 4.233$$

$$X = \frac{13,953.456 \times 4.233}{91} = 548.23g \ /yds$$

보기2 소재 ACRYLIC 50% WOOL 50% 2/36'S로 짠 원단이다.
조직 21G/G 플랜조직 SWATCH의 중량 및 사이즈 3.25g 7cm
× 4cm YDS당 중량을 계산하여라.

*공식에 바로 대입한다.

$$X = \frac{13,953.456 \times 3.25}{7} \times 4 = \frac{12,790.232}{28} = 456.80 \ g/yds$$

보기3 MODAL/POLY 80/20 30/2'S NE와 METALLIC YARN 195 D
로 짠 조직 SWATCH 중량 및 사이즈 1.436g 10cm × 9cm
YDS당 중량을 계산하여라.

*공식에 바로 대입한다.

$$X = \frac{13,953.456 \times 1.436}{10} \times 9 = \frac{20,011.13}{90} = 222.3 \ g/yds$$

[보기4] 소재 100% POLY ESTER 150D 중량 및 사이즈 1.15g 11cm × 8cm YDS당 중향을 계산하여라

*공식에 바로 대입한다.

$$X = \frac{13,953.456 \times 1.15}{11} \times 8 = \frac{16,025.77}{88} = 182.11 \text{ g/yds}$$

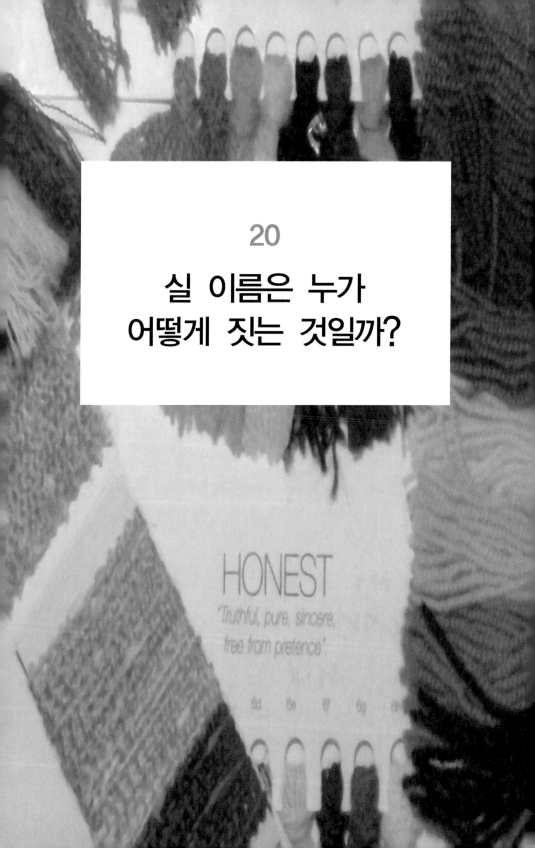

20

실 이름은 누가 어떻게 짓는 것일까?

실 이름은 누가 어떻게 짓는 것일까?

늘 주변에서 의류용으로 숱한 실을 쓰면서 한번쯤은 누가 어떻게 이렇게 많은 실들의 이름을 지었을까 하고 생각해 본적은 있으신지 모르겠다. 대체로 영어로 된 이름들이 많지만 대부분 구성된 원료의 첫머리 글자를 따서 부르는 경우가 보편적이지만 이름을 고상하게 지어서 고급 사처럼 보이게 하려는 경향이 다분히 있다. 실 이름은 대체로 실을 만든 회사에서 나름대로 규칙을 가지고 짓고 있겠지만 만약 한 개인이 개발한 실이라면 개인이 임의(나름)대로 지어서 부르면 된다. 다행히 그 실이 인기가 있어서 인구에 회자하는 실이 되었다면 그 실은 그 이름으로 고유명사가 되어 불려지게 되고 특별한 이유나 뜻도 알 필요 없이 그 이름으로 불리고 유통되는 것이다.

실의 이름으로 작명(作名)되는 데는 대체로 다음과 같이 몇 가지 요소가 있다.

첫째, 실이 만들어진 소재의 영문 머리글자를 따 온 경우

둘째, 실이 만들어진 외관(실의 형태(BOUCLE SLUB CRAPE) 등)에서 따 온 경우

셋째, 실이 만들어진 기계 이름이나 공정 이름에서 따 온 경우

넷째, 자연섬유의 특징으로 SILK와 같은 광택의 의미를 따거나 SOFT의 대명사격인 ANGORA 또 CASHMERE의 유사 이름을 따 온 경우

다섯째, 실이 가지고 있는 기능성이나 특별한 기능을 보유하고 있다는 의미에서 따 온 경우

여섯째, 실의 특별한 의미 없이 고급스럽게 또는 멋지게 느껴지도록 의미를 부여한 실 이름

일곱째, 기타 등

20-1 실이 만들어진 소재에서 따온 경우

실을 만든 소재가 자연 섬유의 동물성 섬유인 WOOL ALPACA 또는 MOHAIR나 또는 식물성 섬유인 COTTON LINEN(FLAX) RAMIE 등 재생섬유인 VISECOSE RAYON, 반합성섬유인 ACETATE 합성섬유로 잘 알려진 POLY ACRYLIC 또는 POLY AMIDE의 NYLON 등에 따라 그 원료의 머리글자만을 따거나 초두 음절을 따는 경우 두 가지 이상의 원료로 혼방이 되었을 때 두 원료

의 음절들을 따서 부르기 좋도록 적당히 배합을 하기도 한다.

가장 기본이 되는 이름으로 소재 이름을 그대로 따서 작명한 것

WOOL 2/48'S ACRYLIC 2/36'S COTTON 30/1'S 20/1'S LINEN 25LEA POLY ESTER 150D RAYON 100 D 등 원료 이름을 직접 딴 것이다. 이는 실의 고유명사라기보다는 원료를 대표하는 보통명사의 실이기도 하다.

소재에 따라 방적법이 다르거나 두 종류 이상의 소재로 만든 경우

실은 실을 만드는 소재에 따라 방적법이 다르기도 하고 소재를 방적법에 따라 변형을 시켜 알맞도록 만들어서 쓰기도 한다. 예를 들면 양의 털에서 얻어지는 소위 'WOOL'이라는 소재는 양의 종류에 따라 어린양일 때(KID 또는 LAMB)의 털이냐 어미일 때 털이냐, 여름에 깎은 털이냐, 가을에 깎은 털이냐에 따라 다르며 몸의 부위에 따라 다르기도 하여 대체로 털의 섬도(纖度, FINENESS), 털의 길이(LENGTH)에 의해서 다음 두 가지 방적법으로 구분된다.

* 소모방적법(梳毛紡績法 WOSTED SPINNING SYSTEM)
WOOL의 기장이 통상 62/3 m/m 이상 75/6 m/m(화섬일 경우 보통 3-4 인치(76m/m-100m/m)이내의 기장과 굵기가 통상 20-24마이크론 정도의 털(고급으로 갈수록 더 가는 원료 15.5-19.5마이크론을 써서 고급 실을 생산하기도 함)로 번수 30-50'S 사이의 실을 생산하여 (역시 고급 사는 60-100-150'S) 양복지, 양장지 등 스웨터 실로 즉 편사

로 7-12-14게이지용 카디건 등의 용도로 생산한다.

소모방시스템에서 생산된 실은 WOOL 2/30'S-2/48-2/60'S 고급 사로는 2/80-2/100-2/150'S 등이 있으며 통상 소모사(梳毛絲)라 칭한다. 그리고 WOOL사의 고급실의 대표 격인 SUPER WASH 2/48 2/60'S 의 실이 있다. 이 실을 만든 양모의 특수가공을 한 이름을 따서 지은 이름으로 WOOL의 결점(?)은 필히 DRY CLEANING 세탁을 해야 하는 취급상의 어려움이 있다. 물세탁을 할 수 있도록 개질 가공을 한 WOOL을 SUPER WASH WOOL이라 하고, 이 원료로 만든 실을 SUPER WASH YARN이라고 칭하는데 이 실의 난센스는 물세탁을 해도 어느 정도는 괜찮은 원사인데도 최종제품의 세탁 택(TAG)에는 DRY CLEAN 택을 붙이는 것이다. 소비자들에게서 세탁 때문에 일어나는 클레임에 대해 사전 방지하고자 하는 고충이 숨어 있는 한 일면이기도 하다.

* 방모방적법(紡毛紡績法 WOOLEN SPINNING SYSTEM)
대체로 기장이 짧아서 소모방 용도로 사용이 불가능한 양털을 가지고 실을 방적하는 방법으로 일반적으로 50 m/m 이하의 원료들이 대부분으로 털의 길이가 짧으면서 굵기가 가는 양털[새끼털(LAMB)로서 방적을 하면 최고급 방모사가 됨]을 이용하여 비교적 굵은 실로 번수 1/8-1/15-6'S의 굵은 실로써 방모 양장지 홈스판 담요류 블랑켓 등의 천 바닥이 두꺼운 원단 또는 스웨터를 생산하는 방적 법으로 통칭 방모사(紡毛絲)라 칭한다.

방모사로 SHETLANLD 2/8'S LAMBS 1/15'S가 주종이나 ZEELONGT 사라하여 2/24-26'S의 부드러우면서 가는 실도 있으며 CASHMERE ANGORA 등을 혼방하여 SOFT하면서 HAIRE 효과를 내는 방모사를 생산하기도 한다.

자연섬유인 면과 혼방하기 좋은 합성섬유 중 아크릴섬유를 면(COTTON)과 혼방할 때는 DENIER와 LENGTH을 면방적 SYSTEM에 적합하도록 조정하여 두 원료를 방적공정 중에 혼방(MIXING & SPINNING)한 A/C 방적사를 WOOL과 혼방할 때는 A/W 방적사를 생산하는 것이다. 이들을 통상적으로 부를 때는 A/C 50/50 30/2 40/2 45/2'S(면번수) 등으로 부르고 A/W 50/50 2/36 2/48 2/60'S(공통번수)로 부르는 것이 일반적이다.

두 종류 이상의 다른 소재로 만든 실을 서로 연사(撚絲)하여 만든 경우 —— 예를 들면 ACRYLIC 1/52'S와 COTTON 30/1'S를 연사했을 때 표기법은 아래와 같다.

우선 두 사종의 번수법이 다르기 때문에 한 가지로 통일한다. COTTON 30/1을 공통번수로 고치면

$30 \times 1.694 = 50.8$ 합성번수로 고치면 $\dfrac{50.8 \times 52}{50.8 + 52} = \dfrac{2,641.6}{102.8} = 25.697 = 1/26'S$

가 되므로 A/C 50/50 1/26'S 또는 A/C 50/50 2/52'S TWEED사로 표기한다.

세 종류 이상의 소재로 연사된 실인 경우 —— A/C 50/50 1/52'S, WOOL 1/52'S와 연사된 경우
A/C 50/50 1/52'S는 ACRYLIC 25%와 COTTON 25% WOOL 50%가 되는 셈이므로 A/C/W 25/25/50 2/52'S로 표시한다.

20-2 실의 만들어진 외관(BOUCLE, TAM) 등에서 따온 경우

이런 경우는 실을 대표하는 이름이라기보다 실의 형태를 표시하는 경우이겠으나 대체로 실이 만들어진 소재 명을 붙이고 실의 형태를 구분하기 위해 붙인 이름이라고 보면 된다.

> **보기 1** ACRYLIC BOUCLE YARN 1/6'S A/W BOUCLE 30/70 1/10'S A/W/N BOUCLE 50/20/30 1/14'S ACRYLIC SLUB 1/6'S A/N KNOT 1/10'S 등이다.

20-3 실이 만들어진 기계 또는 공정의 이름을 딴 경우

실을 만드는 방적 법에는 원료의 특징에 따라 여러 가지 시스템이 있으며 그 시스템이나 방적 공정의 기계 이름을 따온 경우이다.

> **보기 1** ROVING YARN : 실을 만드는 공정의 이름이기도 하고 기계 이름이기도 하다. 1-5'S 정도의 굵은 실로 정방기에서 실이 되기 직전의 공정으로 조방(粗紡)공정이라고도 하며 실제는 태사정방기(太絲)라 해서 굵은 실만 전문적으로 생산하는 생산의 한 시스템으로 SEMI-WORSTED SYSTEM[준소모(準梳毛)]이라 칭하기도 한다.
>
> A/W 50/50 1/2'S ROVING 사 WOOL 1/5'S ROVING 사 등이 있다.

보기2 카드사(CARD)사, 코마(COMBER)사 : 면사(100% COTTON)에 붙여진 이름으로 면사에는 통상 카드사, 코마사 등의 두 종류의 실이 대표적으로 있다. 면사를 생산하는 공정에 꼭 있어야 하는 공정의 기계 이름이기도 하며 면솜을 분리할 때 발생된 씨앗 부스러기를 제거해야 양질의 실이 될 수 있는데 이때 제일 먼저 거치는 공정의 이름이 CARD 공정이고 카드공정에서 제거하지 못한 씨앗 부스러기 또는 잡물을 정밀하게 제거하는 공정이 COMBER공정이며 이때 카드 공정만 거쳐서 생산된 실을 CARD사 COMBER 공정을 거친 깨끗한 실을 COMBER사라 칭한다.

CARD 20/1'S 30/1'S가 있고 COMBER 30/1'S 40/1'S 50/1'S 60/1'S 등이 있어 이는 비교적 고급 세사(細絲)로 단가도 카드사에 비해 월등히 비싼 편이다.

보기3 오이사(O/E YARN) : 면사 방적시스템의 한 방법으로 소모방 시스템의 태사방(太絲紡)처럼 굵은 실을 뽑는 시스템으로 영어의 OPEN AND END 시스템의 머리글자를 딴 것이다. 저급용 실로, 주로 장갑사나 카펫트의 빽실용으로 O/E 8/1'S 10/1'S 12/1'S 15/1'S 등이 있으며 이 시스템에서도 공정상의 특성을 이용해서 20/1'S 30/1'S까지도 생산이 되며 면방적시스템의 카드사나 코마사에 비해 터치가 까슬까슬한 편이며 꼬임이 한쪽 방향으로만 꼬여진 것이 아니기 때문에 단사로 편직을 하여도 천이 틀어지는 경우가 없으며 스웨터 용도로도 강연(强撚)효과로 인한 터치감으로 S/S사 용도로 많이 사용되기도 한다.

자연섬유의 SILK와 같은 광택 부드러움의 대명사로 ANGORA CASHMERE와 같은 유사한 이름에서 따온 경우

> **보기1**
>
> SILPARON 150D : 일본 미쓰비시레이욘사의 ACRYLIC FILAMENT사의 YARN 이름
> CASHMIRON : 일본의 아사이 카제히사의 아크릴섬유의 브랜드 이름 등

20-5 실의 기능성이나 특수한 기능의 의미에서 따온 경우

> **보기1** ANTIPILL YARN 보푸라기가 덜 생기는 소위 ANTIPILL 아크릴 섬유와 WOOL과 혼방한 A/W 사로 A/W ANTIPILL 50/50 2/50.5'S A/W 70/30 ANTIPILL 2/50.5 등이 있으며 청주방적 (주)에서 이 실을 처음 개발했을 때는 우리말로 '안 핀다'의 뜻에서 따온 '안피론(ANPILON)'이라는 사명으로 대 히트를 친 실이기도 하다.

> **보기2** SUPER WASH WOOL YARN : 일반 WOOL이 아닌 물세탁이 용이하도록 가공한 WOOL이다. 즉 SUPER WASH WOOL로 실을 만든 YARN이며, S/W 2/48'S S/W 2/30'S 2/60'S 등이 있다.

SUPER WASH WOOL이란 양털을 둘려 싸고 있는 **SCALE**(비늘)이 따뜻한 비눗물에서 세탁을 하면 수축이 일어나므로 특수 화약 약품 염소 또는 HORCOSETTE 가공으로 SCALE을 둔화시켜 수지(樹脂)

등으로 코팅을 하여 비눗물에 의해 천이 수축이 안 일어나도록 처리한 WOOL사로 위의 소모사에서도 서술하였다.

20-6 실의 성능이나 사용한 소재 등과는 전연 관계없이 고급스러워 보이도록 부여한 실 이름

이런 경우의 실 이름이 많다. 소재와 관계가 없고 기능성이나 외관과는 전연 관계없이 그야말로 엉뚱한 이름일 수밖에 없는 이름이다. 대체로 원사를 개발한 한 개인이나 회사에서 지은 이름이 많으며 실 이름으로는 어떤 소재인지 어떤 성능을 가졌는지는 전혀 알 수 없는 알파벳의 소리 조합이거나 유행되고 있는 언어에서 조합하는 등 그야말로 황당한 실 이름일 수도 있다.

1) 제1화

✛ KARUMOA BOUCLE YARN 이야기

부산에 소재하고 있는 FANCY YARN 업체인 삼영섬유공업사에서 생산되는 부클(BOUCLE)사의 이름으로 혼용률이 WOOL 52% ACRYLIC 25% NYLON 13% 번수 1/14'S인 부클사로 일본에 2002년부터 수출하면서 일본 수입업자가 지은 이름이다. 일본 말의 가루이(輕)와 MOHAIR의 합성어로 가볍고 부드러운 부클사란 뜻으로 지은 이름이며 대교텍스(주)에서 주 공급을 하면서 5년 이상으로 내수 브랜드의 골프용의 재킷 및 점퍼 등의 어패럴 쪽에 부인복 정장류 재킷 또는 니트 코트 등에 KID MOHAIR TAM 1/9'S와 메탈사 등과 자카드 조직으로 많이 사용되고 있는 실 중 하나이다. 중량이 가벼우면서 볼륨감이 있어 상당이 인기 있는 사종 중에 하나다.

2) 제2화

✦ PURERON과 SILPARON

ACRYLIC FILAMENT 150d을 가연(假撚) 주면서 STRETCH 가공을 하여 약간 볼륨감이 있는 FILAMENT실의 대표적인 실인 PURERON 은 일본 아사히 가제히의 카시미롱 브랜드의 필라멘트를 가공한 대표적인 장섬유 필라멘트 원사이며 SILPARON은 역시 일본 미쯔비시레이욘사의 VONNEL 브랜드의 FILAMENT의 가공사를 대표하는 실이다.

PURERON은 국내의 호혜섬유의 대표적인 상표로 영어의 순수하다는 PURE에서 따온 사명이며 SILPARON은 SILK에서 따온 원사명으로 1980년 초부터 국내 우암교역에서 일본미쯔비스사를 통해 완성사로 수입하다가 호혜섬유와 제일명품은 아사히 가제히에서, 우암은 미쯔비시레이욘에서 미가공상태의 FILAMENT들을 수입하여 자체 내에서 가연 스트레치 가공 및 치즈염색까지 하여 국내 봄·여름시장의 캐주얼 여성 정장 골프용 원사로 30여 년을 구가하다가 2000년 초에 아사히가제히가 공급 중단을 먼저 선언하였고, 드디어 미쯔비씨레이욘에서도 2009년 3월부로 생산을 중단하므로써 PURERON과 SILPARON이라는 아크릴류 필라멘트시장는 우리나라에서 명맥을 잃고 사라져 버렸다.

아크릴 필라멘트 시장에서 SERIE DULFIELLE SOFIELLE DIAMOND ('디야망'이라고 부름) 광택이 있는 TERESA 등 숱한 이름의 필라멘트 원사들이 시중에 날개 돋듯 팔려 나갔고 호혜, 제일명품, 우암 등의 세 회사에서 독점생산으로 1990~2000년 초까지 국내 S/S시장에서 가장 성공한 기업이라고 일컬을 정도의 화려한 사태를 뽐낼 때도 있었건만 역시 잘 나갈 때 대비를 했어야만 했는데 준비가 늦었거나 방향 설정이 잘못되어 세 업체들이 현재는 고전을 못 면하고 공장을 접어가고 있는 형편이다.

3) 제3화

✦ 대교텍스에서 개발한 AVIRAN YARN 이야기

이 실은 대교텍스를 설립하면서 내가 개발하고 작명한 최초의 실이다. 1994년 12월 28일에 대교상사라는 사업자등록증이 나왔으니 시장에 출하한 것도 그 시기로 보면 된다. 이 실은 혼용률이 ACRYLIC 38% RAMIE 22% RAYON 40% 번수 1/30'S로 유일하게도 (주)대유의 소모방에서 생산되는 여름용 원료인, 마 그것도 모시(RAMIE)가 혼방된 S/S용 원사 중의 하나로 주로 골프용에 많이 사용했던 원사 중의 하나였다.

이 실은 내가 대유(주) 재직 시절에 미주지역의 논쿼타(NON-QUATER) 용 스웨터의 수출용 원사로 개발했던 아크릴 48% RAMIE 52% BULKY YARN 2/32'S 스웨터 7G/G와 내수용 원사인 ACRYLIC 65% RAMIE 35% 2/52'S의 12/G/G 여름용 원사였다. 이중 A/RAMIE 50/50 2/32'BULKY 스웨터용 원사는 스웨터 400만 장 분의 논쿼터 용의 스웨터 수출 물량을 확보할 수 있었고, 내수용 원사인 A/RAMIE 65/35 2/52'S는 월 20만kg 이상 내수 판매할 수 있는 물량으로 1987년부터 1990년대에 대유에서만 생산하는 유일한 여름용 원사 였지만 내가 대유를 떠나고 나서는 별다른 개발 아이템이 없어 전 전긍긍하던 시점에 대교 상사를 창업하여 다시 대유(주)와 인연을 맺어 실질적인 개발 담당을 하게 되면서 새로 만들어 낸 실이 본 AVIRAN 실이다.

이 시점에 제일 인기 있는 실이 위에서 언급한 호혜섬유의 일본 아사이가제이 CASHMILON FILAMENT로 만든 PURERON과 우암 의 미쯔비시레이욘 VONNEL FILAMENT로 만든 SILPARON이었 다. 여기에 사용되는 아크릴 FILAMENT와 대유의 ACRYLIC 65% RAMIE 35% 1/52'S 방적사와 교연(交撚)을 했으면 했지만 위 양자 회사에서 ACRYLIC FILAMENT 거의 독점을 하고 있어 구매하기 쉬운 RAYON FILAMENT와 연사를 하게 되었으며, 이렇게 만든 실은 여름용 원료인 마가 20% 이상 들어 있고 방적사와 FILAMENT와의 교연으로 특수한 니트 원단의 터치감을 주어 여름용 원사로서의 상당한 호감을 주는 실로 탄생되었다.

그리하여 이 실에 대한 작명을 생각해낸 것이 ACRYLIC의 'A'와 VISCOSE RAYON의 'VI', 그 당시에 원료 이름 끝에 많이 붙였던 CASHIMILON, EXLAN, BESLON, DRALON 등에서처럼 유사한 'RAN'을 합성하여 'AVIRAN'으로 작명한 것이다.

이렇듯 실에 붙이는 이름들은 공식적으로 어떤 방법이나 법칙이 있는 것이 아니다. 어떤 회사나 개인이 만들어서 어떤 경로나 사연을 통해서 작명을 하였든 관계없이 잘 팔려서 인구에 회자하게 되면 그 실의 이름이 되는 것이나 대체적으로 이름은 들어서 기억에 남고 들어서 고급스럽게 느껴지도록 만들려는 경향이 있으며 길에서 흔하게 보는 각종 차들의 이름인 소나타, 그랜저, 제네시스, 에쿠스나 삼성의 SM3, 5, 7 등이나 벤츠 250, 300, 500, 600, 일제의 LEXES PURIOS, TOYOTA CAMRY, GM의 ALPHEYON 등과 같이 살아지고 다시 태어나는 길가의 차들의 이름이나 마찬가지로 실들의 이름들도 만들어지고 없어지고 하면서 오늘의 우리 섬유시장이 흘러가고 있다.

실 이름을 새로 짓고 만들어 내는 회사는 역시 제일모직의 고급 WOOL YARN의 이름으로 RAMIAN ROSESTAR, 경남모직의 MAGIC-LUSTER ULTRA-WASH 등의 고급 소모사 등이 있었으며 제일모직 계통의 원사 사업부에 관련된 부서에서 퇴직한 사람들이 창업한 회사인 휠텍스 인터필 어필 등에 매년 새로운 컬렉션 북을 내어놓으면서 새로운 이름들이 많이 나왔고 아크릴 FILAMENT 업체인 호혜섬유 제일명품 우암교역 등에서도 동일 소재와 같은 방법으로 실을 만들었으며 사명을 달리 불려 차별화를 기했으나 내용면에서는 동일 소재와 만드는 방법이 같은 실이면서도 이름들을 다르게 지어서 단가도 서로 다르게 책정되어 있어 전문가가 아니면 혼동하기 쉬워 소재를 선택하는 디자이너나 구매 담당자들의 원사 선택을 어렵게 하는 경우가 비일비재하므로 원사 선택에서 번수 혼용률 사용한 소재들 심지어 방적사인지 연사물인지도 알고 사용해야 하는 전문적인 안목을 키워야만 유능한 디자이너와 MD 가 될 수 있다.

21

각종 자료들

 각종 자료들

번수 환산표

E. C. C.	M. C.	Denier (Silk, Rayon)	E. C. C.	M. C.	Denier (Silk, Rayon)	E. C. C.	M. C.	Denier (Silk, Rayon)
840yd 1Lb	1000m 1kg	1g 9000m	840yd 1Lb	1000m 1kg	1g 9000m	840yd 1Lb	1000m 1kg	1g 9000m
0.5905	1.000		27.16	46.00	195.7	73.82	125.00	72.00
1.0000	1.693		28.00	47.41	189.8	74.00	125.30	71.82
1.1810	2.000		28.35	48.00	187.5	80.00	135.47	66.44
1.7720	3.000		29.53	50.00	180.0	80.31	136.00	66.18
2.0000	3.387		30.00	50.80	177.2	82.68	140.00	64.29
2.3620	4.000		30.71	52.00	173.1	84.00	142.20	63.27
2.9530	5.000		32.00	54.19	166.1	84.36	142.90	63.00
3.0000	5.080		33.07	56.00	160.7	88.58	150.00	60.00
3.5430	6.000		34.00	57.57	156.3	89.76	152.00	59.21
2.7240	8.000		35.43	60.00	150.0	90.00	152.40	59.05
5.0000	8.467		36.00	60.96	147.6	94.49	160.00	56.25
5.3150	9.000	1000.0	37.79	64.00	140.6	94.91	160.70	56.00
5.9050	10.000	900.0	38.00	64.35	137.9	98.42	166.70	54.00
6.0000	10.16	885.8	39.37	66.67	135.0	99.21	168.00	53.57
7.0000	11.85	759.3	40.00	67.73	132.9	100.0	169.30	53.15
7.0860	12.00	750.0	40.16	68.00	132.4	105.0	177.80	50.62
8.0000	13.55	664.4	42.00	71.12	126.5	106.3	180.00	50.00

E. C. C.	M. C.	Denier (Silk, Rayon)	E. C. C.	M. C.	Denier (Silk, Rayon)	E. C. C.	M. C.	Denier (Silk, Rayon)
840yd 1Lb	1000m 1kg	1g 9000m	840yd 1Lb	1000m 1kg	1g 9000m	840yd 1Lb	1000m 1kg	1g 9000m
9.4490	16.00	562.5	42.52	72.00	125.0	110.0	183.00	48.32
10.00	16.93	531.5	46.00	77.89	115.5	112.2	190.00	
10.63	18.00	500.0	47.24	80.00	112.5	115.0	194.70	
11.81	20.00	450.0	48.00	81.28	110.7	118.1	200.00	
12.00	20.32	442.9	49.61	84.00	107.1	120.0	203.20	44.29
12.99	22.00	409.1	50.00	84.67	106.3	130.0	220.10	40.88
14.00	23.71	379.6	53.15	90.00	100.00	139.4	236.00	38.14
14.17	24.00	375.0	54.00	91.44	98.42	140.0	237.10	37.96
14.76	25.00	360.0	56.00	94.83	94.91	147.6	250.00	36.00
16.00	27.09	332.2	58.00	87.22	91.64	148.8	252.00	35.71
16.54	28.00	321.4	59.05	100.00	90.00	150.0	254.00	35.43
17.72	30.00	300.0	60.00	101.62	88.58	151.9	257.10	35.00
18.00	30.48	295.3	63.78	108.00	83.33	160.0	270.90	33.22
18.90	32.00	281.2	64.00	108.38	83.04	165.4	280.00	32.14
20.00	33.87	265.7	65.62	111.10	81.00	170.0	287.90	32.26
21.26	36.00	250.0	66.00	111.76	80.53	177.2	300.00	30.00
22.00	37.25	241.6	66.44	112.50	80.00	180.0	304.80	29.53
23.62	40.00	225.0	68.00	115.13	78.16	189.8	321.40	28.00
24.00	40.64	221.5	68.69	118.00	76.27	190.0	321.70	27.97
25.98	44.00	204.5	70.00	118.54	75.93	196.8	333.30	27.00
26.00	44.03	204.4	70.86	120.00	75.00	200.0	338.70	26.57
26.57	45.00	200.0	72.00	121.92	73.82	204.4	346.20	26.00

※ E.C.C: English Cotton Count, M.C: Metric Count

MICRON : DENIER

MIC RON	DENIER AC.NY	DENIER P.E.T	DENIER WOOL
10	0.806	0.975	0.933
11	0.975	1.180	1.129
12	1.161	1.405	1.344
13	1.362	1.649	1.577
14	1.580	1.912	1.829
15	1.813	2.195	2.099
16	2.063	2.497	2.389
17	2.329	2.819	2.697
18	2.611	3.161	3.023
19	2.909	3.521	3.368
20	3.224	3.902	3.732
21	3.554	4.302	4.115
22	3.901	4.721	4.516
23	4.246	5.160	4.936
24	4.642	5.619	5.374
25	5.037	6.097	5.832
26	5.448	6.597	6.307
27	5.876	7.111	6.802
28	6.319	7.648	7.315
29	6.776	8.204	7.847
30	7.254	8.779	8.397
31	7.745	9.374	8.967
32	8.253	9.989	9.554
33	8.777	10.62	10.16
34	9.317	11.28	10.79
35	9.873	11.95	11.43
36	10.45	12.64	12.09
37	11.03	13.35	12.77
38	11.64	14.09	13.47

MIC RON	DENIER AC.NY	DENIER P.E.T	DENIER WOOL	DEN IER	MICRON AC.NY	MICRON P.E.T	MICRON WOOL
39	12.26	14.84	14.19	0.5	7.876	7.159	7.320
40	12.90	15.61	14.93	1.0	11.14	10.12	10.35
41	13.55	16.40	15.68	1.5	13.64	12.40	12.68
42	14.22	17.21	16.46	2.0	15.75	14.32	14.64
43	14.90	18.04	17.25	2.5	17.61	16.01	16.37
44	15.60	18.88	18.06	3.0	19.29	17.54	17.93
45	16.32	19.75	18.89	3.5	20.84	18.94	19.37
46	17.06	20.64	19.74	4.0	22.28	20.25	20.71
47	17.80	21.55	20.61	4.5	23.63	21.48	21.96
48	18.57	22.47	21.50	5.0	24.91	22.64	23.15
49	19.35	23.42	22.40	5.5	26.12	23.75	24.28
50	20.15	24.39	23.33	6.0	27.28	24.80	25.36
51	20.96	25.37	24.27	6.5	28.40	25.81	26.39
52	21.79	26.38	25.23	7.0	29.47	26.79	27.39
53	22.64	27.40	26.21	7.5	30.51	27.73	28.35
54	23.50	28.44	27.21	8.0	31.51	28.64	29.28
55	24.38	29.51	28.22	8.5	32.48	29.52	30.18
56	25.28	30.59	29.26	9.0	33.42	30.37	31.06
57	26.19	31.69	30.31	9.5	34.33	31.21	31.91
58	27.11	32.81	31.39	10.0	35.22	32.02	32.74
59	28.06	33.96	32.48	10.5	36.09	32.81	33.55
60	29.02	35.11	33.59	11.0	36.84	33.58	34.34
61	29.99	36.30	34.72	11.5	37.77	34.34	35.11
62	30.98	37.50	35.87	12.0	38.59	35.07	35.86
63	31.99	38.72	37.03	12.5	39.38	35.80	36.60
64	33.01	39.96	38.22	13.0	40.16	36.51	37.33
65	34.05	41.21	39.42	13.5	40.93	37.20	38.04
66	35.11	42.49	40.64	14.0	41.68	37.88	38.74
67	36.18	43.79	41.88	14.5	42.42	38.55	39.42

DEN IER	MICRON AC.NY	MICRON P.E.T	MICRON WOOL
15.0	43.14	39.21	40.10
15.5	43.85	39.86	40.76
16.0	44.56	40.50	41.41
16.5	45.25	41.13	42.05
17.0	45.93	41.75	42.68
17.5	46.60	42.36	43.31
18.0	47.26	42.96	43.92
18.5	47.91	43.55	44.53
19.0	48.55	44.13	45.13
19.5	49.19	44.71	45.72
20.0	49.81	45.28	46.30
20.5	50.43	45.84	46.87
21.0	51.04	46.40	47.44
21.5	51.65	46.95	48.00
22.0	52.25	47.49	48.56
22.5	52.84	48.03	49.11
23.0	53.42	48.56	49.65
23.5	54.00	49.08	50.19
24.0	54.57	49.60	50.72
24.5	55.13	50.12	51.24
25.0	55.69	50.62	51.76
25.5	56.25	51.13	52.28
26.0	56.80	51.63	52.79
26.5	57.34	52.12	53.29
27.0	57.88	52.61	53.79
27.5	58.41	53.09	54.29
28.0	58.91	53.58	54.78
28.5	59.47	54.05	55.27
29.0	59.98	54.52	55.75

Denier : Micron $D = \dfrac{g^* M^2}{141.5}$ $M = \dfrac{11.88\sqrt{D}}{\sqrt{g}}$ g(비중) : WOOL 1.32 POLY 1.38 Ny.Ac 1.14 Ray 1.52

섬유감별법

감별별	성유	면	양모	견	Rayon	Acetate	Polyester	Nylon	Acrylic (orlon)
현미경적별법	촉면	평편한 리본상으로 천연	scale이 있다	표면이 매끄럽다	섬유 축방향으로 다수의선이 있음	섬유축방향으로 1~2본의선이 있음	표면이 매끄럽다	표면이 매끄럽다	종류가 많으며 표면이 매끄럽다
	단면	누에, 콩이나 말벌모양 中空부분		삼각형에 가깝다	輪廓같은 불규칙한 꽃잎모양	크로바 입모양이다	일반적으로 원형	일반적으로 원형	원형및 심장형
연소별법	연소성	용이연소성	서서히 용이 난연소성		용이연소성	용이연소성	용융. 용이연소성	약간군진, 비연소성	용이연소성
	연소상태	빨리탄다	면, Rayon 보다는 늦게탄다		빨리탄다	속히타고 용융	검은연기내면서 용융	용융하면서 서서히 연소	불꽃을 내며 속히 탄다
	재(灰)의모양	회백색소량	흑갈색의 덩어리		회백색소량	광택있는 흑색구	약간단단한 흑갈색덩어리	단단한 갈색유리 같은 덩어리	부서지기 쉬운 흑갈색 덩어리
	냄새	종이타는냄새	머리카락 타는냄새		종이타는냄새	식초같은냄새	방향족 향	독특한 Amide냄새	시고 쓴 냄새
	연소가스(리트머스)	산성	알카리성		산성	산성	산성	알카리성	알카리성
용해별	70% 황산	O	X	O	O	X	X	O	X
	20% 염산	X	X	X	X	X	X	O	X
	5% 가성소다	X	O	O	X	O	X	X	X
	Aceton	X	X	X	X	O	X	X	△
	빙초산	X	X	X	X	O	X	O	X
화학반응	picrin산 (비등)	반응색 무	황	황	반응색 무	담황	반응색 무	황	반응색무
	옥소황산(심온)	暗靑 (암청)	靑	靑	暗靑 (암청)	농황	"	暗靑 (암청)	담황
	염화아연요소(심온)	赤紫 (붉으자주)	황	황	赤紫 (붉으자주)	황	무	황갈	담황

O : 용해 및 분해   △ : 일부 용해 및 분해   X : 불용

섬유성능표(1)

성능 \ 품종	天然纖維 면(Cotton)(Upland)	天然纖維 양모(Wool)(Merino)	天然纖維 견(Silk)	天然纖維 아마(Linen)	天然纖維 저마(Ramie)	Rayon Staple 보통	Rayon Staple 강력	Rayon Polynosic Staple
인장강도(g/d) 표준시	3.0~4.9	1.0~1.7	3.0~4.0	5.6~6.3	6.5	2.5~3.1	3.6~4.2	3.5~5.2
인장강도(g/d) 습윤시	3.3~6.4	1.76~1.63	2.1~2.8	5.8~6.6	7.7	1.4~2.0	2.7~3	2.6~4.2
건습강력비(%)	102~110	76~96	70	108	118	60~65	70~75	70~80
Loop 强度(g/d)				8~9	9.3	1.2~1.8	1.8~2.6	1.0~2.2
Knot 强度(g/d)			2.9	4.5~4.8	5	1.2~1.7	2.0~2.5	1.0~2.5
신도(%) 표준시	3~7	25~35	15~25	1.5~2.3	1.8~2.3	16~22	19~24	7~14
신도(%) 습윤시		25~50	27~33	2.0~2.3	2.2~2.4	21~29	21~29	8~15
신장탄성율(%)(3% 신장시)	74(2%) 45(5%)	99(2%) 63(20%)	54~55(8%)	84(1%)	48(2%)	55~80(3%)		60~85(3%)
초기인장저항도(g/d)	68~93	11~25	50~100	150~265	135~405	30~70	50~90	70~110
초기인장저항도(kg/mm)	950~1300	130~300	650~1200	185~405	2500~5500	400~950	650~1200	950~1500
비중	1.54	1.32	1.33~1.45	1.5	1.5	1.50~1.52		
수분율(%) 공정수분율 標準(20℃ 65%RH)	8.5	15	11.0	12.0	12.0	11.0		
수분율(%)	7	16	9	7~10	7~10	12.0~14.0		
수분율(%) 其他	24~27 (95% RH)	22(95%RH)	36~39 (100%RH)	23 (100% RH)	31 (100% RH)	20%RH : 4.5~6.5 95%RH : 25.0~30.0		
열의영향	120℃에서 5時間 處理하면 黃變 150℃에서 分解	130℃ 열분해 205℃ 軟化 300℃ 炭化	235℃ 분해 366℃ 발화	130℃ 5時間處理 하면 黃變 200℃에서 分解		연화, 용융하지않음 260℃~300℃ 착색분해		

섬유성능표(2)

성능	Nylon 6			Polyester			Acrylic		Polypropylene		
	Staple	Filament 보통	Filament 강력	Staple	Filament 보통	Filament 강력	Staple	Filament	Staple	Filament 보통	Filament 강력
인장강도(g/d) 표준시	4.5~7.5	4.8~6.4	6.4~9.5	4.7~6.5	4.6~6.0	6.3~9.0	2.5~5.0	3.5~5.0	4.5~7.5	4.5~7.5	7.5~9.0
인장강도(g/d) 습윤시	3.7~6.4	4.2~5.9	5.9~8.0	4.7~6.5	4.3~6.0	6.3~9.0	2.0~4.5	3.5~5.0	4.5~7.5	4.5~7.5	7.5~9.0
건습강력비(%)	83~90	84~92	84~92	100	100	100	80~100	100	100	100	100
Loop 강도(g/d)	7.0~11.0	8.5~11.5	10.7~14.3	6.8~10.0	7.0~10.0	9.0~11.0	2.4~6.0	3.0~8.0	8.0~14.0	8.0~12.0	11.0~14.0
Knot 강도(g/d)	3.7~5.5	4.3~6.0	5.4~6.5	4.5~5.0	3.5~4.4	4.3~4.8	2.0~4.0	2.0~4.0	4.0~6.5	4.0~5.5	4.5~6.0
신도(%) 표준시	25~60	28~45	16~25	20~50	20~32	7~17	25~50	12~20	30~60	25~60	15~25
신도(%) 습윤시	27~63	36~52	20~30	20~50	20~32	7~17	25~50	12~20	30~60	25~60	15~25
신장탄성율(%)(3% 신장시)	95~100	98~100		90~99	95~100		90~95	70~95	90~100	90~100	
초기인장저항도 (g/d)	8~30	20~45	27~50	25~70	90~160		25~62	38~85	20~55	40~120	
초기인장저항도 (kg/mm)	80~300	200~450	280~510	310~870	1100~2000		260~650	400~900	160~450	330~1000	
비중	1.14			1.38			1.14~3.17		0.91		
수분율(%) 공정	4.5			0.4			2.0		0		
수분율(%) 표준(20℃ 65%RH)	3.5~5.0			0.4~0.5			1.2~2.0		0		
수분율(%) 기타	20% RH : 1.0~1.8 95% RH 8.0~9.0			20% RH : 0.1~0.3 95% RH : 0.6~0.7			20% RH : 0.3~0.5 90% RH 1.5~3.0		20% RH : 0 95% RH : 0~0.1		
열의 영향	연화점 : 180℃ 용융점 : 215℃~220℃ 용융하면서 서서히 연소			연화점 : 238℃~240℃ 용융점 : 255℃~260℃ 용융하면서 서서히 연소			연화점 : 190℃~240℃ 용융점 : 불명료 수축용융하면서 연소		연화점 : 140℃~160℃ 용융점 : 165℃~173℃ 용융하면서 서서히 연소		